Johann Wolfgang Goethe

Naturwissenschaftliche Schriften: Optik und Farbenlehre, Physik

SEVERUS Verlag

ISBN: 978-3-95801-292-9
Druck: SEVERUS Verlag, 2015

Der SEVERUS Verlag ist ein Imprint der Diplomica Verlag GmbH.
Bibliografische Information der Deutschen Nationalbibliothek:
Die Deutsche Nationalbibliothek verzeichnet diese Publikation in der Deutschen National-
bibliografie; detaillierte bibliografische Daten sind im Internet über http://dnb.d-nb.de
abrufbar.

Johann Wolfgang Goethe

Naturwissenschaftliche Schriften: Optik und Farbenlehre, Physik

SEVERUS

Inhalt

Versuch über die Gestalt der Tiere 9
  1 Bemühungen der vergleichenden Anatomie und Hindernisse,
welche dieser Wissenschaft entgegenstehen 9
  2 Vorschläge diese Hindernisse aus dem Wege zu räumen 11
  3 Vorschlag zu einem osteologischen Typus 12
Zweites Kapitel 20
Allgemeine Idee zu einem Typus 20
Drittes Kapitel 21
  1. Abschnitt: Versuch einer Allgemeinen Knochenlehre 21
  1. Der Schneide Knochen 21
  2. Maxilla Superior. Obere Kinnlade 23
  3. Os Zycomaticum 24
  4. Das Tränenbein 25
  5. Das Gaumenbein 27
Rekapitulation der fünf bisher beschriebenen Knochen 28
Übergang zu dem zunächst zu beschreibenden Knochen 29
  6. Das Stirnbein 32
  7. Das Keilbein 35
  8. Das hintere Keilbein 37
  9. Das Schlafbein 38
  10. Das Zitzenbein 39
  11. Das Felsenbein 41
Erster Halswirbel Atlas 42
Epistropheus 43
Dritter Halswirbel Vertebra colli tertia 44
Vierter Halswirbel Vertebra colli quarta 45
Fünfter Halswirbel Vertebra colli quinta 45
Sechster Halswirbel Vertebra colli sexta 45
Siebenter Halswirbel Vertebra colli septima 46
Sternum 46
Untere Kinnlade 46
Zähne 48
Diploe, Sinus, Hörner, Klauen 48

2. Abschnitt: Versuch einer allgemeinen Vergleichungslehre........ 51
Muskeln eines Ziegenkopfs 55
In wiefern die Idee: Schönheit sei Vollkommenheit mit Freiheit,
auf organische Naturen angewendet werden könne 56
Morphologie 59
[Ordnung des Unternehmens] 59
I. 59
II. Genetische Behandlung 61
III. Organische Einheit 62
IV. Organische Entzweiung 63
Vorarbeiten zu einer Physiologie der Pflanzen 64
Allgemeines Schema zur ganzen Abhandlung der Morphologie. 66
[Betrachtung über Morphologie] 67
Betrachtung einer Morphologie überhaupt 69

Zu Optik und Farbenlehre 74
Der Versuch als Vermittler von Objekt und Subjekt 76
[Reine Begriffe] 85
[Geplante Versuche] 86
Erster Versuch. Fig. I 87
Zweiter Versuch. Fig. 2 87
Dritter Versuch. Fig. 3 88
Vierter Versuch. Fig. 5 88
Fünfter Versuch. Fig. 6 88
Sechster Versuch. Fig. 7 89
Versuch Sieben. Fig. 8 89
Achter Versuch. Fig. 9 et 10 90
Neunter Versuch. Fig. 11 90
Zehnter Versuch. Fig. 12 91
Elfter Versuch. Fig. 13 91
Zwölfter Versuch. Fig. 14 92
Dreizehnter Versuch. Fig. 15 92
Vierzehnter Versuch. Fig. 16 93
Fünfzehnter Versuch. Fig. 17 93
Sechzehnter Versuch. Fig. 18 94
Siebzehnter Versuch. Fig. 19 94
Achtzehnter Versuch 94
Neunzehnter Versuch 95

Zwanzigster Versuch 95

Von den farbigen Schatten.. 96
Erster Versuch. Erste Figur 98
Zweiter Versuch. Zweite Figur.. 98
Dritter Versuch. Zweite Figur... 99
Vierter Versuch.. 100
Fünfter Versuch.. 100
Sechster Versuch. Erste Figur.. 100
Siebenter Versuch. Dritte Figur 101
Achter Versuch. Erste Figur.. 102
Neunter Versuch. Erste Figur.. 103
Zehnter Versuch. Erste Figur 104
Eilfter Versuch. Erste Figur.. 104
Zwölfter Versuch. Erste Figur.. 104
Dreizehnter Versuch. Vierte Figur 105
Vierzehnter Versuch. Vierte Figur.................................... 106
Fünfzehnter Versuch. Vierte Figur.................................... 106
Sechzehnter Versuch. Vierte Figur.................................... 106
Siebenzehnter Versuch. Vierte Figur 107
Achtzehnter Versuch. Vierte Figur.................................... 107
Schema der vorgetragnen Versuche.................................. 108
Physik.. 113

Versuch über die Gestalt der Tiere

Vorerinnerung

Ob gleich der Titel dieser kleinen Abhandlung einen Versuch über die Gestalt der Tiere überhaupt verspricht: so wird sie sich doch vorzüglich mit den vollkommensten, den Säugetieren beschäftigen. Und auch diese besonders in osteologischer Rücksicht betrachten, und sich nur insofern auf die übrigen nächsten Tierklassen und auf die weicheren Teile des Gebäudes verbreiten; insofern es zur Aufklärung gewisser Erfahrungen und Folgerungen nötig sein sollte. Das Übrige behält sich der Verfasser für die Zukunft vor.

1
Bemühungen der vergleichenden Anatomie und Hindernisse, welche dieser Wissenschaft entgegenstehen

Die Ähnlichkeit der vierfüßigen Tiere unter einander, konnte von jeher auch der oberflächlichsten Betrachtung nicht entgehen. Auf die Ähnlichkeit der Tiere mit dem Menschen, wurde man wahrscheinlich zuerst durch das Anschauen der Affen aufmerksam gemacht. Daß die übrigen vierfüßigen Tiere in allen ihren Hauptteilen mit dem Menschen übereinkommen, war nur durch eine genauere wissenschaftliche Untersuchung festzusetzen möglich, deren Bemühungen zuletzt noch viel weiter entfernt scheinende Gestalten, aus dem Weltmeere in diese Verwandtschaft herbei zogen.

Wieviel in der letzten Hälfte dieses Jahrhunderts die Naturwissenschaft durch Beschreiben Zergliedern und Ordnen gewonnen, ist, ich darf wohl sagen allgemein bekannt. Wie manches in derselben noch zu tun sei, wie manche Hindernisse einer ganz genauen Bearbeitung entgegen stehen, wird demjenigen bald bekannt, der sie mit gewissenhafter Genauigkeit bearbeitet.

Es war natürlich, daß die Zergliederer welche sich mit dem Bau des Menschen eine Zeitlang ausschließlich beschäftigten, die Teile des menschlichen Körpers, wie sie ihnen sichtbar wurden benannten, beschrieben und an und vor sich ohne weitere Verhältnisse nach außen betrachteten. Eben so natürlich war es, daß diejenigen, welche sich mit der Behandlung der Tiere beschäftigten, Reiter, Jäger, Fleischer, denen verschiedenen Teilen der Tiere jeder für sich Namen beilegten, welche auf keine Weise das Verhältnis der Tiere untereinander, noch weniger das Verhältnis der Tiere zu den Menschen ausforschten, vielmehr durch falsche Vergleichung, zu Irrtümern Gelegenheit gaben. So nennt z.B. der Reiter denjenigen Teil des Pferdevorderfußes, wo der carpus das Gelenk zwischen der ulna und dem metacarpus machet, *das Knie* den Knochen des metacarpus selbst *das Schienbein.*

Nun ist zwar durch die Bemühungen so vieler eifriger Beobachter, welche vorzüglich die Tieranatomie oder auch nur selbige gelegentlich neben der menschlichen behandelt, die Terminologie der tierischen Teile soviel es sich wollte tun lassen auf die Terminologie der menschlichen Teile reduziert worden, und es möchte wohl die Base der vergleichenden Anatomie auf immer festgestellt worden sein. Allein es sei uns erlaubt; hier einige Bemerkungen über die Hindernisse zu machen, welche noch Überbleibsel der alten empirischen Behandlungsart zu sein scheinen, und die der Wissenschaft eben jetzt am beschwerlichsten im Wege stehen, da sie ihrer Vollendung näher und näher rücket.

Man hat bisher wie oben schon erwähnt worden, bald die Tiere unter einander, bald die Tiere mit dem Menschen, bald den Menschen mit den Tieren verglichen, man hat also, mit dem tertio comparationis immer gewechselt, und dadurch oft den Faden der Beobachtung verloren. Ferner mußte da die Methode des Tierzergliederers mit der Methode des Menschenzergliederers, nicht völlig übereinstimmen kann, eine Art Schwanken in der Methode der vergleichenden Anatomie entstehen, welches wie mich dünkt noch bis jetzt nicht hat ins Gleichgewicht gesetzt werden können.

2
Vorschläge diese Hindernisse aus dem Wege zu räumen

Wie nun aber gegenwärtig bei so vielen trefflichen Vorarbeiten bei täglich fortgesetzten Bemühungen so vieler einzelner Menschen, ja ganzer Schulen, die Wissenschaft auf einmal zur Konsistenz gelanget, ein allgemeiner Leitfaden durch das Labyrinth der Gestalten gegeben ein allgemeines Fachwerk, worin jede einzelne Beobachtung zum allgemeinen Gebrauch niedergelegt werden könne, aufzubauen wäre, scheint mir der Weg zu sein wenn ein allgemeiner Typus, ein allgemeines Schema ausgearbeitet und aufgestellt würde, welchem sowohl Menschen als Tiere untergeordnet blieben, mit dem die Klassen, die Geschlechter die Gattungen verglichen, wornach sie beurteilt würden.

Man würde sich bei Ausarbeitung dieses Typus vor allen unnötigen Neuerungen hüten, man würde, die von der menschlichen Gestalt hergenommene Benennungen, immer mehr auf die Gestalt der Tiere über zu tragen suchen, und sich vielleicht nur um weniges von der Methode und Ordnung wornach bisher die Anatomie des menschlichen Gebäudes vorgetragen worden entfernen um nicht empirisch, nach der besondern Bildung eines Geschöpfes das Gebäude der andern zu betrachten und zu beurteilen, sondern eine Methode aufzufinden, wornach vorerst die vollkommensten Tiere rationell betrachtet und vielleicht in der Folge die übrigen Klassen näher erkannt werden können.

Sollte das bisher Gesagte, nicht einen jeden gleich von der Notwendigkeit einer solchen Einrichtung überzeugen; so wird folgende Betrachtung vielleicht die Sache einleuchtender machen. Da die Vergleichung so sehr verschiedener Gestalten als die Säugetiere sind nicht anders als teilweise geschehen kann; so war es natürlich, daß man bei den verschiedenen Tiergattungen die verschiedenen Teile aufsuchte und sie mit den Teilen der andern verglich. Die meisten durch große Verschiedenheit der Gestalt und Richtung der Teile entstandenen Irrtümer rektifizierten sich nach und nach, nur hat man sich von dem Irrtume, der mehr in dem Ausdrucke als der Sache zu liegen scheint, nicht völlig losmachen können, daß man einigen Tieren gewisse Teile ableugnete, ob man gleich, die durch eben diese Teile hervorgebrachte Gestalt, gerne zugab. So wollte man den Menschen das os intermaxillare beharrlich absprechen, der Elefant sollte kein Tränenbein keinen Nasenknochen haben, da man doch im Gegenteil, wenn auch alle Suturen verwachsen wären, von der übereinstimmenden Gestalt, auf die Konsequenz des Baues hätte schließen sollen.

Wenn wir nun von einer Seite behaupten, daß alle Hauptteile woraus die Gestalt eines vollkommenen Tieres zusammengesetzt ist, sich bei dem andern Tiere gleichfalls finden müssen, so läßt sich von der andern nicht leugnen, daß gewisse völlig gleichartige Teile besonders gegen die Extremitäten zu in der Zahl variieren, so variiert die Zahl der Rückgratwirbel und Rippen der Schwanzwirbel, die Zahl des carpus metacarpus und der Finger des tarsus metatarsus und der Zehen. Andere Abteilungen als die der ulna und des radius der tibia und fibula verwachsen mit einander und lassen kaum noch Spuren ihrer ursprünglichen Trennung zurück.

Dieses alles würde ein völlig ausgearbeiteter Typus schon bestimmen und festsetzen: inwiefern ein jeder Teil notwendig und immer gegenwärtig sei, ob er sich manchmal nur durch eine wunderbare Gestalt verberge durch eine Verwachsung der Suturen zufällig verstecke in verminderter Zahl erscheine sich bis [auf] eine kaum zu erkennende Spur verliere, für überwiegend untergeordnet oder gar als aufgehoben betrachtet werden müsse. Ehe wir weiter gehen wird es rätlich sein, den Typus selbst und zwar vorerst bloß osteologisch herzusetzen.

3
Vorschlag zu einem osteologischen Typus

Ehe ich die Ursachen weiter ausführe, welche mich bewogen, das vorstehende Schema dergestalt zu ordnen und was für Vorteil ich daraus zu ziehen hoffe, ist es nötig, noch einige Betrachtungen voraus zu schicken. Da die Natur eben dadurch die Gestalten der Tiere so bequem zu verändern scheint, weil die Gestalt aus sehr vielen Teilen zusammengesetzt ist, und die bildende Natur dadurch nicht sowohl große Massen gleichsam umzuschmelzen nötig hat sondern die große Mannigfaltigkeit bewirkt, indem sie auf viele zusammen geordnete Anfänge bald so bald so ihren Einfluß zeigt, welches wie wir in dem Folgenden sehen werden, von der größten Bedeutung ist, so wird die größte Aufmerksamkeit derjenigen, welche besonders den osteologischen Typus ausarbeiten, dahin gerichtet sein, daß sie die Knochenabteilungen auf das schärfste und genauste aufsuchen, es mögen solche an einigen Tierarten in ihrem ausgewachsenen Zustande sich deutlich sehen lassen oder bei andern nur an jüngeren Tieren vielleicht gar nur an Embryonen zu erkennen sein.

Denn ich darf wohl hier schon dasjenige behaupten, wovon ich einen jeden, den diese Wissenschaft wirklich interessiert, durch diese Abhandlung völlig überzeugen möchte, daß der Fortschritt der ganzen Wissenschaft bloß auf diesem Wege schnell zu hoffen sei. Hat sich nicht in anderen Teilen die Zergliederungskunst in die feinsten Bemerkungen ausgebreitet; hat sie nicht schon die Teilbarkeit der Nerven bis ins Unendliche verfolgt; sollten wir nicht den Knochenabteilungen, welche vielleicht einen größeren Einfluß auf die Bildung haben, eine ähnliche Aufmerksamkeit widmen.

Die Methode, wie die Lehre des menschlichen Knochengebäudes bisher vorgetragen worden, ist bloß empirisch und nicht einmal auf die Betrachtung der Gestalt des Menschen, geschweige in Betrachtung auf die Gestalt der übrigen Tiere rationell. Man hat die Knochen, nicht wie sie die Natur sondert bildet und bestimmt sondern wie sich solche ich möchte fast sagen zufällig in einem gewissen Alter des Menschen untereinander verbinden, angenommen und beschrieben, ein Weg aus welchem selbst die besten und genausten Bemühungen kaum weiter als zu einer empirischen Nomenklatur führen konnten. Auch sind die daraus entstehenden Unbequemlichkeiten schon in die Augen gefallen und einige sind schon gehoben. So hat man z.E. das Felsenbein vom Schlafbein mit dem größten Rechte getrennt; dagegen sind Verbindungen ganz heterogener Knochen, wie z.E. des Heiligen- und Kuckucksbeins mit dem Becken geblieben und werden auch wohl um physiologischer und pathologischer Demonstrationen willen in der Lehre welche bloß den Menschen betrachtet künftighin zusammen bleiben, worauf wir aber die wir uns einen höhern Standpunkt der Erkenntnis aufsuchen, nicht dürfen hindern lassen.

Wie ich nun, an einem jeden einzelnen Teil des vorgeschlagenen Typus, die Ursachen angezeigt, welche mich bewogen das Knochengebäude des tierischen Körpers, nach einer von der bisherigen abweichenden

Methode zu betrachten, und die Absonderung verschiedener Teile von einander zu wünschen und mich dadurch, dem Verdachte der Neuerungsucht und dem Anschein einer Kleinigkeitsliebe entzogen zu haben hoffe; so wünsche ich durch nachfolgende allgemeinere Betrachtungen jene Methode noch mehr zu rechtfertigen und ihre Notwendigkeit allgemein überzeugender zu machen. Es ist schon oben im Vorbeigehen gesagt worden, daß es der Natur dadurch leicht, ja man darf sagen, allein möglich wäre, so mannigfaltige Gestalten hervorzubringen, daß die Bildung aus so vielen kleinen Teilen bestehe, auf welche sie wirkt, ihre Größe, Lage, Richtung und Verhältnis verändert und dadurch in den Stand gesetzt wird, teils himmelweit verschiedene Bildungen hervorzubringen, teils ganz nahe verwandte Bildungen durch eine ungeheure Kluft gleichsam wieder zu trennen. Geben wir genau auf diese Mannigfaltigkeit acht so werden wir in den Stand gesetzt, nicht allein die Tiere untereinander sondern sogar das Tier mit sich selbst zu vergleichen. In dieser bei genauer Betrachtung die größte Bewunderung erregenden Veränderlichkeit der Teile, ruht die ganze Gewalt der bildenden Natur.

Dagegen, ist die unveränderliche Verbindung der Teile unter einander, die Ursache der einem jeden Beobachter in die Augen fallenden Ähnlichkeit der verschiedensten Gestalten. Um diese beiden Begriffe nicht nur im allgemeinen hinzustellen sondern auch ins besondere anwendbar und anschaulich zu machen, nehmen wir zuerst den Schädel der Tiere vor uns und hier kann nicht streng genug behauptet und nicht oft genug wiederholt werden, daß die Natur nicht allein diesen Hauptteil des tierischen Gebäudes, nach einem und demselben Muster bildet, sondern daß sie auch ihren Zweck bei allen durch einerlei Mittel erreicht, daß die mannigfaltigen Knochenanfänge und die daraus entstehenden Knochenabteilungen, an den Schädeln aller Tiere völlig dieselben, und überall im Grunde auf einerlei Weise, obgleich in den mannigfaltigsten Modifikationen gegenwärtig seien. Ein fleißiger und treuer Beobachter kann sich hiervon auf das leichteste und schnellste überzeugen. Am aufmerksamsten wird man hinfort auf die noch nicht verwachsenen auf die Schädel noch junger und unreifer Tiere werden und unser oft wiederholter Grundsatz wird endlich keinen Widerspruch mehr zu fürchten haben. Die falschen oder schwankenden Ausdrücke, der Mensch habe kein os intermaxillare, der Elefant habe kein Tränenbein, der Affe habe auch kein Tränenbein, werden nicht mehr vorkommen. Man wird diese Teile sorgfältig aufsuchen und weil man gewiß, daß man sie finden müsse, nicht eher ruhen, bis man sie ausgefunden und ihre Gestalt ihr Verhältnis gegen die übrigen Teile genau bezeichnet.

Selbst, wenn man die Konsequenz der Gestalt nur im allgemeinen ansieht, sollte man schon ohne genauere Erfahrung schließen, daß lebendige einander höchst ähnliche Geschöpfe aus einerlei Bildungsprincipio hervorgebracht sein müßten.

Könnte man sich nur einen Augenblick denken, daß der Tränenknochen bei einem Tier fehle, so hieße das eben so viel, als: der Stirnknochen könne sich mit dem. Jochbein, das Jochbein mit dem Nasenbein verbinden, und wirklich unmittelbar an einander grenzen, wodurch alle Begriffe von übereinstimmender Bildung aufgehoben würden; wenn dadurch eben, wie vorher erwähnt, [daß] ein Knochen die seltsamsten und wunderlichsten Gestalten annehmen, und dadurch seine Nachbarn zu Annehmung seltener Gestalten determinieren kann, die große Mannigfaltigkeit der Bildungen entstehet, so wird die Bildung dadurch von der andern Seite höchst konsequent weil kein Knochen seine Nachbarschaft verändern und dadurch wirklich ungeheure Abweichungen niemals regellos werden können.

Zwar finden sich Fälle, welche diesem allgemeinen Grundsatze zu widersprechen scheinen, die aber eben deswegen unsere ganze Aufmerksamkeit erregen, und uns zu weiteren Forschungen Anlaß geben.

Zwei Fälle, welche mir bekannt geworden will ich hier anzeigen und zu erklären suchen. Durch die Verbindung des Stirnknochens mit der obern Kinnlade, in der Gegend der Nasenwurzel wird das Tränenbein von dem Nasenknochen gänzlich getrennt, und es sollte also wenn der oben festgestellte Grundsatz unumstößlich bleiben sollte, bei keinem Tiere, der Tränenknochen sich jemals mit dem Nasenknochen verbinden können. Nun findet sich aber sowohl an dem Schädel eines gemeinen Ochsens als eines Auerochsens, daß das Tränenbein mit dem Nasenbein wirklich verbunden seie. Diesen Widerspruch hebe ich durch folgende Erfahrung: Es ist bekannt, daß die Tiere, welchen die Zähne in der obern Kinnlade fehlen, als Ochsen, Hirsche, Schafe, Ziegen, eine Fontanelle haben, welche von dem Stirnknochen, dem Nasenbein, der obern Kinnlade und dem Tränenbein umgrenzet wird und wir dürfen sagen: daß diese Fontanelle durch das Unvermögen

15

des Oberkiefers entstehet sich bis gegen den Stirnknochen fortzusetzen. Diese Fontanelle wird bei dem Ochsen durch ein os wormianum ausgefüllt, welches in der Folge gewöhnlicher mit dem Tränenbein, als mit den übrigen benachbarten Knochen verwächst, wodurch es dem ersten Anblick nach scheinen könnte, als wenn das Tränenbein sich gleichsam als ein Keil zwischen den Stirnknochen und der obern Kinnlade hineinschöbe und den Nasenknochen berühre.

Ich wende mich zu dem zweiten Fall. Die obere Kinnlade und der Nasenknochen berühren einander; man kann besonders bei den reißenden Tieren bemerken, daß der Stirnknochen seinen processum nasalem sehr spitz und lang vorwärts das os intermaxillare seinen oberen processum auf gleiche Weise rückwärts fortsetze. Wir treffen bei allen Tieren diese beiden gleichsam gegen einander strebenden spitzen Keile durch die Fläche welche den Oberkiefer mit dem Nasenknochen verbindet abgesondert oder in mehr oder weniger Entfernung an. Bei dem Schädel eines Bären hingegen könnt ich bemerken: daß beide Fortsätze nur noch gleichsam die Fäden zwischen den benachbarten Knochen verlängerten, und sich mit einer jedoch etwas verworrenen Sutur mit einander verbanden. Ich glaube auch hier nicht zu fehlen, wenn ich leugnete, daß diese Knochen einander auch wirklich berührten; sondern sie haben nur die ihnen eingepflanzte Triebkraft soweit als möglich gegeneinander ausgedehnt, und sind zuletzt durch einen dritten Knochenpunkt durch eine Art os wormianum zusammen verbunden worden. Es ist dieses ein Punkt, über welchen wir in der Folge nie zuviel, und nie scharf genug beobachten können.

Ähnlichkeit der Tiergestalten unter einander.

Ähnlichkeit der Tiergestalt mit der menschlichen.

Die vergleichende Anatomie beschäftigt sich, diese Ähnlichkeit immer mehr aufzusuchen, und zu gleicher Zeit, den Unterschied genau zu bestimmen wodurch sie sich alle mehr oder weniger von einander entfernen.

Es sind in der neuern Zeit in dieser Wissenschaft große Fortschritte geschehen.

Bei fleißiger und genauer Bearbeitung derselben findet sich eine Schwierigkeit; [die] wie mir deucht die Wissenschaft bisher aufgehalten hat.

Da hier von Vergleichen die Rede ist; so fragt sich: soll man die Tiere unter einander, die Tiere mit dem Menschen, oder den Menschen mit den Tieren vergleichen. Es ist dieses alles bisher geschehen je nachdem der Naturforscher eine Absicht bei seinen Untersuchungen hatte, je nachdem er von einem oder dem andern Orte ausging.

Auch hat man ein Längenmaß gelegentlich angenommen, und nach diesem die Längen und Breiten der verschiedenen Teile zu bestimmen gesucht.

Alle diese verschiedenen Methoden haben ihre Beschwerlichkeit, und eine jede muß unter gewissen Umständen unzulänglich werden.

Vielleicht ließe sich, auf dem Punkte wo die Wissenschaft gegenwärtig steht, ein Schritt tun, der auf einmal um vieles weiter brächte.

Es könnte geschehen; wenn man einen Typus ausarbeitete der die tierische Natur überhaupt zuvörderst aber nur, um sich nicht ins Unendliche zu verlieren, die Natur der Säugetiere ausdrückte. Nach welchem Typus sodann alle Tiergeschlechter beschrieben, vor welchem sie verglichen werden könnten.

Wir können den Menschen nicht als das Urbild der Tiere, die Tiere nicht als das Urbild des Menschen ansehen, die Wissenschaft ist weit genug vorwärts gerückt, daß wir gegenwärtig die Gestalt finden können, auf welche sich die übrigen Gestalten beziehen lassen.

Es verstehet sich von selbst; daß wir, bei Ausarbeitung dieses Bildes, uns keine unnötige Mühe machen, daß wir alles dasjenige gebrauchen, was schon gegenwärtig da und in Ordnung gebracht ist, daß wir uns der bisher gebrauchten Methode so viel als möglich nähern, um allen Vorwürfen unnötiger Neuerung zu entgehen und von allen Seiten eher Mitwirkung hoffen als Widerstand fürchten zu dürfen.

Die Anatomie des menschlichen Körpers ist so fleißig durchgearbeitet, daß dieselbige, billig bei neueren Vergleichungen zum Grunde gelegt worden [und] immer mehr zum Grund gelegt wird, je mehr man sich überzeugt, daß sich bei den übrigen Säugetieren alle diejenigen Teile finden woraus der menschliche Körper bestehet. Man hat daher glücklich angefangen, die Terminologie welche bei den Teilen des Menschen gebraucht wird, auf die Tiergestalten anzuwenden und man wird wohltun hierin fortzufahren.

Da die Anatomie welche uns den menschlichen Körper in seiner Zusammensetzung beschreibt, besonders in den neuern Zeiten, bloß den Menschen wie er ihr vorlag nahm und ihn um sein selbst willen, und nicht in Bezug auf andere ihm ähnliche Geschöpfe behandelte; so läßt sich leicht schließen, daß in der Methode dieser Untersuchung und Beschreibung gewisse dem Menschen eigentümliche Eigenschaften, werden in Betracht gezogen sein, welche uns eher hindern als fördern, wenn wir uns ein allgemeineres Bild ausarbeiten wollen welchem der Mensch auch nur wieder untergeordnet ist.

So ist z. E. die Methode nach welcher die Knochen des menschlichen Hauptes beschrieben werden, bloß zufällig, indem man das als einen besonderen Knochen annimmt und beschreibt was sich in gewissen Jahren trennen läßt, anstatt nach einer reineren Methode dasjenige als ein besonderer Knochen zu beschreiben wäre; den die Natur wirklich von andern abgesondert hat, weil wir dadurch auf den rechten Weg geführt werden, die Bildung des lebendigen Geschöpfs aus einem höheren Standpunkt zu beobachten.

Diese Absonderungen der Knochen, wovon sich ein Teil bei Kinderschädeln schon bemerken läßt, ist bei Tieren, wegen ihrer weniger zusammengedrängten Gestalt, sichtbarer ja greifbarer.

Da wir nun wie oben schon gesagt uns nur einem höheren Begriffe der Bildung nähern können; wenn wir diejenigen Teile, woraus sie bestehet, genau von einander trennen: so werden wir also bei Ausarbeitung unseres Typus, nicht verschmähen uns bei der Tiergestalt Rats zu erholen. Wir werden alle Teile genau kennen lernen, ihre Gestalt im einzelnen, ihr Anteil an der Bildung des Ganzen wird uns nicht verborgen bleiben, und wir werden uns nicht irre machen lassen, wenn dieser oder jener Teil bei irgend einer Klasse oder einem Geschlecht in einem gewissen Alter, unter gewissen Umständen, sich unsern Sinnen entzieht, und nur dem Verstände allein sichtbar bleibt. Im allgemeinen ist es in die Augen fallend und angenommen. Nur ins besondere hat man noch nicht sich völlig bestimmen und überein kommen wollen. So wird z. B. das os intermaxillare als der vordere Teil der oberen Kinnlade welcher die Schneidezähne enthält in so fern sie dem Tier nicht versagt sind, als abgesonderter Knochen unserer Aufmerksamkeit niemals entgehen, wenn wir auch einen Teil der Suturen, durch welche er mit seinen Nachbarknochen verbunden wird bei Menschen meistens oft auch bei Affen Löwen Bären und andern Tieren gedrängter Natur in einem gewissen Alter verwachsen finden.

So werden wir das os temporum, und die sogenannte partem petrosam sorgfältig trennen wie sie bei mehreren Tieren und gewissermaßen bei Kindern getrennt erscheint, wir werden das flache Schlafbein und den Körper des Knochens welcher die Gehörwerkzeuge enthält, nicht mehr als einen Knochen denken können, sobald uns nur ihre Verschiedenheit, Gestalt und Bestimmung einmal recht deutlich geworden ist. Wir werden das Hinterhauptsbein welches aus einem flachen und drei der Gestalt der Wirbelbeinteile sich nähernden Knochen zusammengesetzt ist, [und] das os ethmoideum, das auch in mehrere Teile zerfällt, nicht mehr als einzelne ganze, sondern als zusammengesetzte Knochen beschreiben, ja lieber einem jeden Teil einen besondern Namen, eine besondere Bezeichnung geben.

Ich weiß, daß sich hierauf die Einwendung machen läßt als seie eine solche genaue Abteilung nicht notwendig, da man ohne dies bei der bisherigen Methode solche Zusammensetzungen eines Knochens den man als Eins annimmt, schon nebenher bemerkte und daß also eine solche Neuerung nur schädliche Verwirrung machen würde.

Hierauf kann ich gegenwärtig nur so viel antworten, daß diese Methode zu dem bisherigen Endzweck hinreichend sein mag, daß sie aber dem Fortschritt der Wissenschaft hinderlich ist. So wird man nicht leugnen, daß wenigstens durch die bisherige Methode die Aufmerksamkeit des Studierenden von diesen Knochenabteilungen eher abgeleitet als auf dieselben hingewiesen werde.

Wenn sich nun in der Folge zeigen wird; daß nur aus der genausten Kenntnis dieser Knochenabteilungen der eigentliche allgemeine Typus ausgearbeitet und zuletzt der geistige Punkt der Vergleichung hervorsteigen kann; so wird hoffentlich die Ursache.

Zweites Kapitel

Allgemeine Idee zu einem Typus

Rumpf Rückgrat Brustgrat. Länge und Stärke des ersten Kürze und Weiche des zweiten

Kopf oberer Teil

NB. eigentliche Existenzbase des Lebens, unter sich zusammenhängend.

Hülfsmittel des Lebens.

Untere Kinnlade, Arme, Füße.

Drittes Kapitel

Daß die Sorgfalt womit wir die einzelnen Teile des Knochenbaus aufgesucht haben nicht eine vergebliche Spitzfindigkeit sei; wird sich gegenwärtig zeigen, wenn wir nähere Betrachtungen anstellen.

Wir dürfen behaupten, daß der Knochenbau aller Säugetiere, um vorerst nicht weiter zu gehen, nicht allein im ganzen nach einerlei Muster und Begriff gebildet ist; sondern daß auch die einzelnen Teile, in einem jeden Geschöpfe sich befinden; und nur oft durch Gestalt, Maß, Richtung, genauere Verbindung mit andern Teilen unserem Auge entrückt und nur unserm Verstände sichtbar bleiben. Alle Teile, ich wiederhole es, sind bei einem jeden Tiere gegenwärtig nur unsere Bemühung unser Scharfsinn muß sie aufsuchen und entdecken; aber jener Begriff ist der

1. Abschnitt
Versuch einer Allgemeinen Knochenlehre

Wenn es natürlich war, daß man die Betrachtung des menschlichen Schädels mit dem Stirnknochen anfing, als dessen Gestalt die menschliche Natur am meisten bezeichnet; so finden wir uns dagegen, indem wir den Tierschädel beschreiben wollen, zu einer andern Methode genötiget, wozu uns das Anschauen die einfache Anleitung gibt.

Wir mögen nämlich das Tier ansehen wie es im freien Zustand sein Haupt trägt, oder dessen Schädel zur Betrachtung vor uns legen; so finden wir immer, daß die Werkzeuge der Nahrung uns am stärksten in die Augen fallen.

1. Der Schneide Knochen

Am skelettierten Kopfe des Tiers bemerken wir zuerst denjenigen Knochen durch welchen es seine Nahrung ergreift. Ich darf ihn gegenwärtig getrost in den allgemeinen Typus einführen, da er nun auch an dem Menschen anerkannt wird, wo er sich selbst den scharfsichtigsten Beobachtern eine Zeitlang eigensinnig zu verbergen schien.

Es ist dieser Knochen höchst merkwürdig einem jeden welcher die Tiergestalt betrachtet; denn es können offenbar nach demselbigen, Tiere gewissermaßen zusammengestellt und beurteilt werden. Das Verhältnis des Tieres zu seiner Nahrung, wird durch die Gestalt und Bestimmung dieses Knochens sogleich deutlich, er bestimmt: ob das Tier ruhig Gras abrupfen und abweiden, festere Körper benagen, lebendige Geschöpfe gewaltsam festhalten und sich zueignen solle und könne. Da nun dieser Knochen in allen seinen Funktionen, durch die daranstoßende obere Kinnlade unterstützt wird, da eine allgemeine Harmonie in allen Teilen eines lebendigen Wesens notwendig ist; so läßt sich aus diesem Knochen fast allein, schon auf die Lebensweise eines Tieres schließen, wie denn überhaupt die Einteilung, Tiere nach ihrem Gebiß zusammenzustellen meist natürlich ist und uns wenigstens die Betrachtung derselben sehr erleichtern kann.

Es ist dieses ein doppelter Knochen, der aus zwei völlig gleichen Hälften besteht: die an dem vorderen Ende der ganzen tierischen Bildung zusammenstoßen, und gleichsam den Schlußstein des ganzen Gebäudes machen. Um nun aber die höchst abweichenden Gestalten desselben, übereinstimmender Weise zu beschreiben, wird man das Ganze in den Körper, den Kinnladenfortsatz, und den Gaumenfortsatz einteilen können. Diese Teile sind jederzeit beständig, obgleich die Gestalt derselben so sehr wechselt, daß man in derselbigen Gegend, bei dem einen Tier einen Rand finden wird, wo man bei dem andern eine Fläche zu beschreiben hat.

Der Körper ist beständig der vordere Teil, es enthält solcher die Schneidezähne, wenn das Tier mit solchen versehen ist; hat es keine Schneidezähne, so ist der Körper flach, unten schaufelförmig wie beim Ochsen, oder er wird fast ganz Null, wie bei dem Reh, sind Schneidezähne zugegen; so bildet er sich meistens nach ihrer Gestalt, bei den nagenden Tieren ist er nur eine leichte spitze Scheibe, worin die langen scharfen Zähne befestigt sind, bei denen fleischfressenden Tieren welche mehrere Schneidezähne haben fängt er erst an, den Namen eines Körpers zu verdienen, er wird stark, fest und unterstützt die gewaltige Zahnreihe. Es kommen Fälle vor, wo dieser Körper mächtiger ist als die in ihm wachsenden Schneidezähne, und derselbe gar keine Veränderung der Gestalt durch sie erleidet. So ist der Schneideknochen des Trichechus rosmarus, in dessen schwere plumpe Gestalt geringe Zähne eingesetzt sind, ohne sie nur im geringsten zu verändern.

Der Gaumenfortsatz dieses Knochens weicht von vorne nach hinten, und ist standhaft sowohl in seinen Teilen, als in seiner Verbindung. Es verbindet sich dieser Gaumenfortsatz zuerst mit seinem gepaarten Knochen, bildet eine mehr oder weniger entschiedenere Rinne zur Aufnahme der Scheidewand der Nase, indem er sich hinterwärts mit dem Gaumenfortsatz der obern Kinnlade verbindet. Die Kanäle sind sinuos. Es ist dieser Fortsatz manchmal ein bloßer Dorn, wie bei dem Reh, manchmal ein stärkerer Körper, bald eine wirkliche Fläche; so wie die durch diesen Fortsatz gebildete Rinne bald Null wird, bald eine sehr entschiedene Rinne, ja, manchmal am Ende der Rinne ein vertieftes Gefäß hervor bringt. Eben so beständig ist auch die Gegenwart des Nasenfortsatzes, obgleich derselbe, mit seinem hinteren und oberen Ende seine Nachbarschaft zu verändern pflegt. Es verbindet dieser Fortsatz den Knochen mit der oberen Kinnlade, und mit dem Nasenbein, indem sich dessen obere und hintere Spitze zwischen beide hineinschiebt. Ein seltener Fall aber läßt sich bei der Bildung des Hasen bemerken; wo dieser Fortsatz sehr spitz verlängert, die obere Kinnlade von dem Nasenknochen völlig trennt und, nachdem er vor dem Tränenbein vorbeigegangen, sich mit der spina nasalis des os frontis verbindet. Einen gleich merkwürdigen Fall habe ich an dem Schädel eines nordischen Bären gesehen: wo die spina nasalis des ossis frontis sich spitz herunter und vorwärts, der processus maxillaris des ossis incisivi mit eben einer solchen Spitze auf- und hinterwärts begibt, bis beide in der Mitte mit einer ganz zarten Spitze zusammenstoßen. Dadurch wird gleichfalls der Nasenknochen von der Kinnlade getrennt, und es gibt uns dieser Knochen das erste Beispiel, von jenen abwechselnden Verbindungen und Verschränkungen, von welchen wir oben gesprochen haben.

Was in der tierischen Bildung diesem Knochen oberwärts verbunden ist kann hier nicht betrachtet werden, weil es als Knorpel und Fleisch, aus der osteologischen Betrachtung herausfällt.

2. Maxilla Superior. Obere Kinnlade

Um die Gestalt dieses Knochens allgemein genug zu beschreiben, ist es nötig von der gewöhnlichen Einteilung derselben abzugehen; man wird denselben am besten übersehen und vergleichen können, wenn man denjenigen Teil der Alveolen, worin sowohl die Backenzähne als der Eckzahn befindlich sind, den Körper nennet, und alsdann zwei Wände, eine welche das Gesicht, die andere welche den Gaumen bildet, annimmt. Beide stoßen unten in einem rechten Winkel zusammen, bilden die Alveolen und da wo sie zusammentreffen entsteht was ich den Körper zu nennen wünschte. Die innern Seiten dieser beiden Wände, machen entweder unmittelbar die innern Wände der Nase aus oder werden in der Gegend der mittlem Schneidezähne auswärts gedehnt, wo alsdann noch eine dritte kleine Wand, von der Gegend des Eckzahns her hinzutritt und den vordem Teil des antrum Highmori mit bilden hilft welches übrigens von den untern Muscheln in diesem Falle zugeschlossen wird.

3. Os Zycomaticum

Es setzt sich dieser Knochen jederzeit an den obern Saum der Gesichtsfläche der obern Kinnlade nach hinten zu; seine äußere Fläche bildet einen mehr oder weniger hervorstehenden Teil der Wange eine andere Fläche welche mit dieser einen Winkel macht, bildet einen Teil der Augenhöhle; der Rand wo beide Flächen zusammenstoßen bildet jederzeit einen Teil des Augenrandes unter dem äußern Winkel des Augs. Eben so beständig ist der Fortsatz des Knochens welcher sich nach dem Schlafknochen verlängert, es verbindet sich durch diesen Fortsatz das Jochbein jederzeit mit dem Schlafbein, und ist diese Verbindung eine der beständigen in dem tierischen Schädelbau. Es ist bei derselbigen zu bemerken: daß die Fortsätze beider gedachter Knochen sich bei manchen Tieren durch ein Zwischenbein zu verbinden scheinen; es ist dieses ganz deutlich bei dem Eichhorn und bei der Wiesel, bei welchen Tieren sich der Wangenknochen mit dem Stirnbein nicht verbindet.

Die Verbindung des Wangenbeins mit dem Stirnknochen, ist sehr vielen Veränderungen ausgesetzt. Entweder sie verbinden sich wie eben gesagt gar nicht mit einander. Nur hier gibt es Fälle; nicht eine Spur eines processus frontalis am osse zygomatico; keine Spur eines Wangenfortsatzes an den Stirnknochen, manchmal sind beide Fortsätze gegenwärtig, aber sie reichen nicht an einander und sind nur durch Ligamenta verbunden, wie bei dem Katzen- und Hundegeschlecht.

Manchmal verbinden sie sich wirklich durch eine wahre Sutur, haben aber wenig Breite und lassen die Augenhöhle nach hinterwärts offen wie bei den schafartigen Tieren.

Endlich verbreiten sich diese Fortsätze dergestalt, daß sie an das Keilbein anstoßen, sich mit demselbigen verbinden, und durch diese Verbindung die Augenhöhle schließen. Durch diese Verbindung entstehen die sonderbaren oder zweifelhaften Fälle: welche allein bei Affenschädeln vorkommen können, daß sich der processus sphenofrontalis des Wangenbeins mit dem Schuppenteil des Schlafbeins, oder mit dem unteren Winkel der Scheitelbeine verbindet oder zu verbinden scheint. Zugleich ist noch ein Fall zu bemerken; daß bei Pferdeschädeln: der Wangenfortsatz des Stirnknochens, mit dem Wangenfortsatze des Schlafbeins und nicht mit dem Stirnfortsatze des Wangenbeins [sich] zu verbinden scheint. Es läßt sich aber dieses aus jener Bemerkung erklären, welche wir eben gemacht: daß noch ein kleiner Zwischenknochen zwischen den Fortsätzen des Wangen- und des Schlafbeins [sich] befinde, dieser gibt wahrscheinlich den Stirnfortsatz des Wangenbeines her. Verwächst derselbe nun mit dem Schlafbein, ohne mit dem Wangenbein zu verwachsen, so scheint alsdann der Wangenfortsatz des Stirnbeins sich mit dem Wangenfortsatze des Schlafbeins zu verbinden.

Mit dem, was bei dem menschlichen Schädel das Tränenbein genannt wird, steht das Wangenbein in keiner Verbindung; desto genauer aber bei den Tieren, wie wir sogleich vernehmen werden.

4. Das Tränenbein

Wir müssen ganz von dem Begriffe welchen uns das menschliche Tränenbein gibt abstrahieren, wenn wir uns von dem Tränenbein der Tiere eine deutliche Vorstellung machen wollen.

25

Haben wir wie schon in unserer Beschreibung geschehen, die obere Kinnlade zum Grund gelegt, und das Wangenbein an dieselbe befestiget, so müssen wir nun, um das Gebäude in der natürlichen Ordnung aufzuführen, das tierische Gebäude aufsetzen und beschreiben, und wir werden dadurch den Hauptbau der oberen Kinnlade erst vollendet sehen.

Wir teilen es am besten in den Gesichtsteil und in den Augenhöhlenteil, und bemerken sodann den Rand wo diese beiden Teile zusammenstoßen.

Der Gesichtsteil verbindet sich nach oben jederzeit mit dem Stirnknochen, nach unten mit der oberen Kinnlade, nach der Seite und hinten mit dem Wangenbein.

In den Fällen wo der Stirnfortsatz der oberen Kinnlade sich nicht mit der Stirne verbindet, setzet sich dieser Teil des Tränenbeins bis zu dem Nasenknochen fort, wie bei Pferden, Ochsen und Schweinen, oder es bleibt an der Stelle ein Fontanell, wie bei Schafen und Hirschen.

Es ist dieser Teil des Knochens flach und hat wenig oder keine Dicke. Wie seine äußere Seite einen Teil des Gesichtes bildet, so hilft seine innere das antrum Highmori zudecken.

Der Rand dieses Knochens bildet: mit dem Rande des Wangenbeins an dem er unmittelbar anstößt den untern Rand der Augenhöhle. Die obere Kinnlade reicht bei einigen Tieren zwar bis an diesen Rand, tritt aber niemals in die Augenhöhle hinein, noch weniger, daß sie ein planum orbitale, wie beim Menschen bildete. Bei den Affen drängt sie den Tränenknochen einigermaßen in die orbita zurück, scheint ihn aber doch nicht von dem osse zygomatico zu trennen. In diesem Rande liegen eine oder mehrere Öffnungen welche in das antrum Highmori und in die Nasenhöhle zu dringen scheinen, außer diesen findet sich noch eine offne oder blinde Öffnung in dem Augenhöhlenteile dieses Knochens, welche den eigentlichen Tränengang zu bezeichnen scheint.

Der zweite oder Augenhöhlenteil dieses Knochens tritt besonders bei denen Tieren, wo der ganze Knochen groß und sichtbar ist an die Stelle welche bei den Menschen durch das planum orbitale der obern Kinnlade eingenommen wird. Es ist dieser andere Teil meist schwächer oder geringer als der Gesichtsteil, wenn beide Teile vorhanden sind. Er ist seiner Natur nach sehr schwach und papierartig, und hat bei einigen Tieren hinterwärts einen kleinen Sack, welcher Ähnlichkeit mit dem mittlem Muschelbein verwandter Tiere hat. Manchmal geht dieser Knochen so weit zurück in die Augenhöhle, daß er der oberen Kinnlade allen Anteil welchen sie allenfalls durch den Zahnfortsatz an der Bildung der Augenhöhle nimmt raubt.

5. Das Gaumenbein

Wir suchen uns auch bei Beschreibung dieses Knochens jener, wornach das menschliche Gaumenbein beschrieben wird so viel als möglich zu nähern ob wir gleich um all gemein zu werden auch hier in verschiednen Punkten abweichen müssen.

An dem horizontalen Teil betrachten wir zwei Flächen: die eine, welche nach dem Gaumen zu gekehrt ist; die andere, welche den Grund der Nase mit bilden hilft. Der vordere Rand derselben ist rauh und verbindet sich mit dem Gaumenfortsatze der obern Kinnlade, der hintere ist meistens glatt doch auf sehr verschiedene Weise ausgeschweift und gezackt. Der innere der stärkste Rand ist gleichsam rauh, und durch diesen verbinden sich die beiden Gaumenbeine mit einander. Der äußere Rand verliert sich in dem processu alveolari, von welchem bald die Rede sein wird.

An dem perpendikularen Teil betrachten wir:

1. Die superficiem nasalem, welche den innern Teil der Nasenhöhle bilden hilft, und an welche die concha inferior und media mehr oder weniger hinreichen.
2. Superficiem maxillarem, welche gegen die obere Kinnlade gerichtet ist, und entweder an dieselbe völlig anschließt oder mehr oder weniger davon absteht.

An dem perpendikularen Teil können keine Ränder beschrieben werden weil sie alle von Fortsätzen verschlungen sind. Unter diesen Fortsätzen ist ein processus communis besonders merkwürdig, welchen ich besonders zu beschreiben und besonders zu benennen genötigt bin. Es entsteht dieser Fortsatz da, wo die beiden Teile horizontal und perpendikular zusammenstoßen, und verbindet sich jederzeit mit der Seitenfläche der Alveolen der obern Kinnlade, ich gebe ihm daher den Namen processus alveolaris.

27

Es hat dieser processus das Bezeichnende, daß über demselbigen der sogenannte canalis pterygopalatinus durchgeht, sobald er nämlich vorhanden ist, der Knochen mag übrigens eine Gestalt haben welche er wolle; am eigentlichsten aber glaube ich sagen zu können, daß dieser Kanal zwischen gedachtem Fortsatz und der superficie maxillari des partis horizontalis nach hinten zu entspringt, und von oben herabwärts den partem horizontalem durchdringe. Dieser Fortsatz ist manchmal hohl und hilft zugleich den sinum maxillarem schließen. Man sieht, daß derjenige Teil, welcher sonst processus nasalis genannt wird in diesem processu alveolari mit begriffen ist.

Es folgen nun noch drei Fortsätze, welche dem parti perpendiculari eigen sind.

Processus orbitalis, er steigt von dem processu alveolari in die Höhe, verlängert sich bis an die orbita, welche er mehr oder weniger berührt. Weiter nach hinten liegt der processus sphenoidalis, welcher jederzeit eine Rinne bildet, wovon der eine Rand sich mit den cornubus sphenoidalibus, der andere mit dem vomer verbindet. Diese beiden Fortsätze geben das foramen sphenopalatinum.

Der processus pterygoideus liegt ganz nach hinten und ist oft nur ein bloßer Rand; von seiner Verbindung mit den processibus pterygoideis des Keilbeins wird in der Folge zu handeln sein.

Überhaupt bleibt dieser Knochen in seinen Teilen sehr beständig, ob gleich die Gestalt und das Verhältnis derselben sehr verändert werden; auch bleibt er seinen Nachbarn, so viel ich bemerken können, getreu.

Derjenige Schädel, an dem die eben beschriebenen Teile dieses Knochens sichtbar sind, ist der Schädel eines Bocks.

Rekapitulation der fünf bisher beschriebenen Knochen

Wir wollen die bisher beschriebenen Knochen, nunmehr in einem Zusammenhange vornehmen, teils um die Ursachen anzuzeigen warum wir sie in dieser Ordnung vorgenommen, teils um sie, insofern es geschehen kann unter einander zu vergleichen, teils auch das Gebäude so weit es jetzt aufgeführt ist mit einem Blick zu übersehen.

Unter den fünf Knochen welche wir nach und nach zusammengerückt haben; befinden sich drei welche von ähnlicher Art und Bildung sind.

Das os incisivum die obere Kinnlade und das Gaumenbein, alle drei haben einen horizontalen Teil und diese drei Teile zusammen bilden sowohl den Gaumen als die Grundfläche der Nase, alle drei haben einen vertikalen Teil, dessen innere Fläche die innere Nasenhöhle bilden hilft, alle drei werden an dem Rande wo sich die beiden genannten Teile verbinden, merkwürdig, an diesem Rande finden sich die Zähne wenn das Tier mit solchen versehen ist, der oberen Kinnlade fehlen sie selten, dem Schneideknochen öfter, und dem Gaumenbeine immer, diese drei Knochen zusammen machen eigentlich den obern Kiefer aus; die Fläche welche sie bilden wird der Gaumen genannt, es sind drei ihrer inneren Bildung nach ähnliche nur durch verschiedene Determination verschieden gestaltete Knochen.

Ihr Verhältnis gegen die untere Kinnlade, über welcher sie als gewölbte Deckel [sich befinden] übergehe ich gegenwärtig: Nach oberwärts stellen sie wieder eine Base vor; und wir werden in der Folge diejenigen Teile betrachten welche über ihnen liegen.

Nach außen bilden die äußeren Flächen der beiden ersteren Teile den Obermund und die Oberwange, um aber weiter aufzusteigen und den untern Augenrand zu bilden, müssen wir noch zwei andere Knochen zu Hülfe nehmen. Beide kommen darin überein: daß sie sich in den oberen Rand der obern Kinnlade einfügen, daß sie den untern Rand der orbitae und deren untere Fläche bilden, und von der Mitwirkung zur Bildung des Randes der orbitae die obere Kinnlade oft gänzlich ausschließen, oft nur einen geringen Anteil ihr daran erlauben.

Durch den processum temporalem des ossis zygomatici deutet dieser Knochen auf eine Verbindung mit einem andern, deren Merkwürdiges wir erst in der Folge werden betrachten können.

Stellen wir nun dieses Gebäude, wie wir es bisher an und über einander gesetzt uns vor die Augen; so werden wir sogleich bemerken: daß dem Ganzen, sowohl sein Inhalt als seine Decke fehle.

Übergang zu dem zunächst zu beschreibenden Knochen

Es ist schon oben bemerkt worden; daß derjenige Teil welcher über dem Schneideknochen stehet, eigentlich der Nasenknorpel sei, und also aus der Knochenlehre herausfalle, so wie dieser Teil auch in sich keinen weitern knochenartigen Teil enthält. Dagegen sind die untern Muscheln an die obere Kinnlade befestiget, und von dem Nasenknochen bedeckt. Das blätterige und zellige Gewebe, welches sich in dem Räume beider Augen mehr oder weniger ausdehnt oder zusammenzieht, und sich hervorwärts unter den hinteren Teil der Nase unter die Wangen ausbreitet, entspringt eigentlich aus einer vordem Abteilung des Stirnknochens, welche ihn auch vorzüglich bedeckt. Zu gleicher Zeit bildet der Stirnknochen den oberen Rand und die obere Augenhöhlenfläche es bedecket die innere Kammer desselben die vorderen lobos des Gehirnes welche sich auf die vorderen Flügel des Keilbeins auflegen. Wir werden also folgende Knochen in nachstehender Ordnung zuerst vornehmen:

Die untern Muscheln
Die Nasenknochen
Die mittlem Muscheln
Das Siebbein
Das Siebchen
Die Scheidewand
Die Pflugschar
Das Labyrinth
Die obern Muscheln
Die Stirnknochen
Das vordere Keilbein.

Es ist bekannt, daß auch selbst die flachsten Knochen aus zwei Lamellen bestehen, zwischen welchen mehr oder weniger einiger Raum gefunden wird. Dieser Raum ist gewöhnlich mit einem Knochengewebe ausgefüllt das bald einem Schwamm ähnlich (bald eine zellige Gestalt hat, bald aus flachen oder gewundenen Lamellen bestehet) bald einem Netze gleicht bald einem andern verwickelten Gespinste, ja das bei sehr hohlen Knochen beinahe als isolierte Fäden von einer Seite zur andern reicht. Wir sehen, daß dieses zellige Gewebe nicht in der Maße zunimmt wie der Knochen wächst, denn Knochen die in der Jugend damit ausgefüllt sind, werden im Alter hohl, und es scheint demnach, daß die Fäden eines solchen zelligen Gewebes nur ein gewisses Maß haben, welches überschritten, sie zerreißen und durch den übrigen Knochenwuchs gleichsam verschlungen werden.

Wie nun nach innen der Knochen zellig oder hohl ist; so sehn wir, daß er nach außen zu und zwar nach allen Seiten, nur solider und glätter wird, je mehr das Geschöpf an Jahren zunimmt. Es gehen zwar hie und da Öffnungen durch, die Nerven und Arterien durchzulassen, allein von einer Seite scheint sich die Natur bei diesen Öffnungen durch Glätte und Solidität zu verwahren, ferner sind sie nur einzeln und weder an Gestalt noch Ort regelmäßig.

Desto interessanter muß uns der Knochen werden welcher der einzige seiner Art am ganzen Körper ist. Dieser ist das Siebbein, bei welchem sonderbare Eigenschaften zusammentreffen. Es läßt sich dasselbe als ein Knochenkörper betrachten, dessen Innerstes auf eine sehr regelmäßige und entschiedene Weise in Zellen geteilt zu Lamellen gebildet worden, welche sich oft bei Tieren auf eine so ungeheure Weise ausdehnen, daß der Begriff darüber fast gänzlich verloren geht.

Wir können diesen Begriff gegenwärtig hier nur andeuten; und es wird erst künftighin, wenn wir das Labyrinth des Siebbeins mit dem Körper des Keilbeins vergleichen können, [sich zeigen] in wiefern solche Meinung Grund hat.

Wie wir nun gesagt; daß in dem Siebbein eine regelmäßige wenngleich sehr große besonders determinierte Ausdehnung des Zellgewebes sich befinde, so können wir auch bemerken: daß eine seiner Oberflächen regelmäßige Öffnungen habe, durch welche Nerven und Blutgefäße hindurch dringen.

Der untere Teil dieses Körpers schließt sich unmittelbar an den Körper des Keilbeins an. Die Scheidewand die in der Mitte trennt verlängert sich und bildet das Pflugscharbein, seine sehr dünnen Seitenwände schließen ihn besonders bei menschlichen Schädeln zu, wodurch noch mehr die Gestalt eines äußerst spongiosen Körpers [entsteht], welche Eigenschaft sich bis auf seine äußeren Decken erstreckt. Bei Tieren kommt dieser Knochen in einer ungeheuren Ausdehnung vor, und wir können bemerken: daß diese Gabe, sich [in] regelmäßigen Blättern und Zellen zu teilen, von der Natur noch einigen Knochen gegeben worden, woraus die untern und mittlem Muscheln, wovon sich die erstem offenbar an der obern Kinnlade zu entwickeln scheinen, denkbar und begreiflicher gemacht werden

Es kann aber von allem diesen nur gegenwärtig die Anzeige getan werden, indem in der Folge wenn wir das ganze Knochengebäude zusammengestellt, durch Vergleichung diese Begriffe erst entwickelt und bestätiget werden können.

6. Das Stirnbein

Indem wir die Stirnbeine mehrerer Tiere vor uns nehmen, sie betrachten und einen allgemeinen Charakter des Stirnknochens anzugeben suchen: so sehen wir abermals, daß wir uns von dem Begriff, den uns der menschliche Stirnknochen eingeprägt, völlig entfernen müssen.

Zuvörderst ist zu bemerken, daß dieser Knochen allerdings ein gepaarter Knochen ist, und jeder Teil und jede Hälfte vor sich betrachtet werden kann.

Nehmen wir einen solchen einzelnen Stirnknochen vor uns und betrachten ihn von innen im Durchschnitt; so sehen wir, daß dieser Knochen inwendig zwei Kammern bildet, wovon die hintere die lobos cerebri anteriores, die vordere das Labyrinth des Siebbeins bedeckt.

Durch den Grat des Siebbeins und durch die Siebfläche werden obgedachte beide Kammern auf die merkwürdigste Weise gebildet.

Man kann nämlich bei dem Stirnbein ganz deutlich das innere und äußere Knochenblatt und zwischen beiden die diploe bemerken. Der Grat oder der Rücken des Siebbeins welcher unten mit dem osse sphenoideo verbunden ist setzt sich an das innere Knochenblatt des Stirnbeins an, hält dasselbe fest, und bildet gegen die Nase zu ein Gewölbe; welches die hintere Kammer von der vordem absondert. Indem nun aber das äußere Knochenblatt in seiner geraden Richtung fortwächst, entstehen mehr oder weniger große sinus frontales. Vor und unter dem Grate des Siebbeins steigt das untere Knochenblatt wieder in die Höhe indem es an dem äußeren Ende der Stirne gegen die Nase zu, mit dem oberen Knochenblatte sich wieder verbindet. Auf diese Weise also entstehen die sinus frontales anteriores indem das sowohl hinterwärts als vorwärts dem oberen Knochenblatt verbundene untere Knochenblatt von dem Grate des Siebbeins fest gehalten und von dem oberen Knochenblatte getrennt wird. Diese Verbindung des ossis ethmoidei mit dem unteren Knochenblatte geschieht bald hinter der Hälfte des ganzen Gewölbes des Stirnknochens oder vor der Hälfte. In dem ersten Falle wird natürlich die hintere Kammer in diesem die vordere Kammer kleiner und in jenem nimmt besonders der Labyrinth einen sehr großen Raum ein.

Wir werden also bei einem jeden Stirnknochen welchen wir vor uns nehmen, zuerst das Verhältnis dieser beiden Kammern des Grates des Siebbeins der daher entstehenden sinuum frontalium anteriorum betrachten und beschreiben. Die zweite merkwürdige Wirkung auf das Stirnbein hat die Verbindung desselben mit dem Wangenbein. Jemehr das Stirnbein mit dem Wangenbeine wirklich verbunden ist, je weniger Ligament zwischen beiden sich befindet, desto mehr Knochenmaterie hat der Stirnknochen hergeben müssen, um den processum zygomaticum zu bilden, desto mehr hat es Gewalt erlitten, desto mehr Widerstand auszuhalten gehabt. Da nun hier gerade der umgekehrte Fall entstehet und das äußere Knochenblatt angezogen wird, indessen das innere auch durch seinen bestimmten Wachstum an das Gehirn anschließt; so entstehen hierdurch die sinus frontales laterales welche einen hohlen Raum über den Augen bilden und bis in den processum zygomaticum ossis frontis sich erstrecken.

Die dritte Bemerkung welche wir bei einem Stirnknochen, der vor uns liegt, zu machen haben, ist: ob die Nachbarschaft der Augen Einfluß auf dessen innere Fläche habe oder nicht. In dem Falle, daß die Nähe der Augen Einfluß auf den Stirnknochen hat; geschieht solches immer da, wo derselbe mit dem Flügel des Keilbeins in Verbindung stehet. Es wird die ganze Fläche des Stirnbeins mehr oder weniger einwärts gedrückt, und der freie Wachstum des Keilbeinflügels mehr oder weniger gehindert. Zu gleicher Zeit wirkt auch dieser Druck auf die beiden Seitenflächen des Siebbeins; sie werden mehr zusammengedruckt und es entstehet eine mehr oder weniger trichterförmige Gestalt, welche von der convexen Gegenseite der Augenhöhlen gebildet wird, in deren Grunde das sehr zusammengeengte Siebbein liegt. Es gibt mehrere Tiere, auf deren inneres Stirngewölbe die Nachbarschaft der Augen keinen Einfluß hat, bei denen die vordem lobi des Gehirns [sich] frei ausbreiten, die hintern Flügel des vordem

Keilbeins frei fortwachsen und das Siebbein unvertieft auf einer freien Fläche der hintern Stirnkammer liegt. Dieser Fall ist deutlich an dem Pferdeschädel zu sehen, bei welchem Tiere die Augen weit vorwärts und weit auseinander liegen. Der entgegengesetzte Fall, dessen wir oben erwähnt; wo das Siebbein sehr geengt auf den Boden eines Trichters zusammengedrängt ist, zeigt sich am Affen. Mehr Beispiele und mittlere Bestimmungen wird künftig die ausübende Vergleichung vorlegen.

Noch eine merkwürdige Verbindung ist die des Stirnbeins mit dem hintern Flügel des Keilbeins von welcher aber erst in der Folge gesprochen werden kann.

Die Scheitelbeine stoßen an dasselbe gleichfalls an. Auch hiervon kann das Nötige erst in der Folge beigebracht werden.

Die Beschreibung der allgemeinen Gestalt dieses Knochens läßt sich nach dem Vorhergehenden leicht ausführen.

Es ist das Stirnbein eine Knochenschale deren beide Blätter auf eine merkwürdige Weise von einander getrennt und deren Bildung durch die daran grenzenden festen, durch die daran rührenden weichen Teile auf die mannigfaltigste Weise verändert wird. Durch diese beiden Bestimmungen unterscheiden sie sich sehr von den Scheitelbeinen welche zwar niemals Knochenhöhlen enthalten, und zwar von ihren Nachbarknochen auch determiniert aber nicht so mannigfalt verändert werden. Der Rücken des Siebbeins, und der sich damit verbindende processus falciformis bilden die innere und hintere Kammer, auf welche die Nachbarschaft der Augen mehr oder weniger Einfluß hat. Die vordere Kammer welche durch den Labyrinth des Siebbeins ausgefüllt wird wie auch die sinus frontales bilden sich dadurch von selbst.

Die vordere Kammer bleibt entweder in ihrer ganzen Ausdehnung wie bei den meisten Tieren oder sie wird auch durch die Nachbarschaft der Augen mehr oder weniger zusammengedruckt.

Die stärkste Disproportion zwischen beiden Kammern ist bei den Menschen wo die innere Kammer völlig überwiegend die äußere gänzlich aus ihrer Lage gebracht und völlig Null wird, so wie auch die Stirnhöhlen ohne Vorausschickung jener Betrachtung und Beobachtung, an Menschen nicht begriffen werden können.

7. Das Keilbein

Wie sonderbar die Gestalt dieses Knochens, wie unbequem die Beschreibung desselben, wie schwer dessen Verbindung mit andern Knochen zu fassen, ist allgemein bekannt. Und wir würden bei Betrachtung der Tiergestalt, noch in größere Verwirrung geraten, wenn uns die Natur nicht selbst das Rätsel aufklärte.

Es teilt sich nämlich schon bei den Menschen dieser Knochen in mehrere Teile, es sondern sich nämlich die Seitenteile, welche wir unter den Namen der großen Flügel und der schwertförmigen Fortsätze kennen, von dem Körper ab; und es scheint also dieser Knochen aus fünf Teilen zu bestehen. Allein es bleibt uns auch noch so die eigentliche Beschaffenheit desselben verborgen, denn wir können nicht bemerken: daß der Körper auch eigentlich aus zwei Teilen besteht.

Auf eine Vermutung, daß dem also sei, können wir gebracht werden: wenn wir den Körper der Länge nach in zwei Teile sägen, da wir denn eine Scheidewand finden, welche den hintern Teil des Knochens von dem vordem trennt. Allein diese Scheidewand ist so dünn, der Körper so genau zu einem Teile verbunden, so daß wir kaum eine Vermutung fassen können. Glücklicherweise gibt uns die Natur an den Tieren den Aufschluß. Wir finden an jungen Tieren, nicht allein den Körper dieses Knochens in zwei Teile getrennt, welche zusammen durch einen Knorpel verbunden sind; sondern wir können auch dessen übrige Teile weit entfalteter bemerken. Ja es verwächst sogar bei älteren Tieren der Körper des hinteren Keilbeins oft mit der parte basilare des Hinterhauptbeins, wenn der Körper desselben noch von dem Körper des vordem Keilbeins leicht zu trennen ist. Ich behalte hier abermals den Namen des Keilbeins bei; um keine neue Terminologie unnötigerweise beizubringen, ich bin nur genötigt zwei dieser Knochen zu setzen, welche noch immer wie zwei an einander gedrängte Keile, den Grund der Hirnhöhle auseinander halten. Nach der von mir einmal ergriffenen und zu rechtfertigenden Methode beschreibe ich hier nur das vordere Keilbein, weil dieses eigentlich seinen vornehmsten Bezug auf die Stirne hat. Es bestehet dieses Keilbein aus einem Körper;

welcher im allgemeinen mit dem Körper des Wirbelbeins verglichen werden kann. Es ist derselbe, wenn man ihn die Quer durchschneidet dreieckigt, anstatt daß der Körper des hinteren Keilbeins mehr viereckigt erscheint; beide haben oben wo das Gehirn liegt ihre größten Flächen, allein der Körper des vordern ist unten mehr zugespitzt als flach, und nähert sich schon der Gestalt der Pflugschar, deren hinterer Teil schon an sie anschließt.

Auf seiner obern Fläche, hat dieser Körper jederzeit die mehr oder weniger zusammengedrängten foramina optica und man sieht daraus, daß er in dem Teile des menschlichen ossis sphenoidei begriffen ist, an welchen die processus clinoidei befestigt sind. Nach vornen verbindet sich die Fläche des Körpers auf mancherlei Weise mit dem osse ethmoideo.

Über den foraminibus opticis breiten sich zu beiden Seiten ein paar Flügel ober- und seitwärts aus. In ihrer Ausbreitung nach vornen oder hinten wechseln sie ab, worüber in der Folge speziellere Betrachtungen mitgeteilt werden sollen. Es sind dieses die größten Flügel, gewöhnlich an beiden Keilbeinen.

Sie verbinden sich vorzüglich mit den Stirnknochen mit ihren vordem und Seitenrändern, und stoßen hinten mehr oder weniger mit den Flügeln des hintern Keilbeins zusammen. Sie helfen den Rand bilden, an den sich vornen das Siebbein anlegt; in gleichen bilden sie mit den hintern Flügeln die fissuram orbitalem anteriorem.

Sie dienen den vordern lobis cerebri mehr oder weniger zum Bette, man sieht also, daß sie in allem den Platz der kleinen Flügel oder der sonst sogenannten schwertförmigen Fortsätze einnehmen. Von dem Körper und zugleich von dem vorderen unteren Ende dieser Flügel gehen ein paar Fortsätze ab: welche so mannigfaltige Gestalten sie auch bei verschiedenen Tieren annehmen, doch meistens eine Art Höhlung gegen das Siebbein zu bilden helfen. Ich würde sie processus anteriores oder ethmoideos ossis primi cuneiformis nennen.

An den Körper dieses Beins legen sich nach unten und hinten ein paar Fortsätze an: welche sehr verschiedene Gestalten annehmen, immer aber darin mit einander übereinkommen; daß sie eine flache Gestalt haben, und sich an den Körper des Knochens nur wenig anlegen, sich jederzeit über den Körper des hintern Keilbeins herüber schieben, sich mit dem Gaumenbeine verbinden, und den hamulum pterygoidei bilden, woraus man sieht, daß sie die inneren Fortsätze an dem menschlichen Keilbein vertreten. Es ist in der Folge über diesen Teil verschiedenes nachzuholen.

Also hilft dieses vordere Keilbein die Stirn nach unten und hinten zu [abschließen]; seine Verbindungen sind sehr leicht zu sehen, seine Gestalt ist einfach und auch selbst mit der menschlichen Bildung verglichen, klärt diese Einteilung, welche uns die Natur anzeigt, eher auf, als daß sie Verwirrung machen sollte.

Betrachten wir das von uns bisher aufgeführte Gebäude im ganzen, so können wir fortfahren, die Teile desselben unter einander zu vergleichen, und die bisher nur neben einander gestellten Dinge uns durch die lebendige Kraft des Urteils auch lebendiger zu machen.

Bei unserer ersten Zusammenstellung fanden wir drei Knochen, welche von einerlei Art schienen und sich unter einander stellen ließen. So finden wir, daß auch gegenwärtig die ferneren Teile sich unter einander vergleichen lassen. Es haben nämlich die Stirn- und Nasenknochen das unter einander gemein, daß sie flache Knochen und Decken der untern Teile sind, ob sie gleich ihrer Größe nach kaum noch Vergleichung zuzulassen scheinen.

Der Labyrinth und die Muscheln sind Bau, Gewebe und Bestimmung nach verwandt.

Das vordere Keilbein läßt sich mit dem Siebbein gewissermaßen vergleichen, wie schon geschehen ist und noch weiter ausgeführt werden wird. Wir machen hier einen Abschnitt, der sich sowohl dem Gehäuse nach als nach dem, was darin enthalten, rechtfertigen läßt.

Auf dem vordem Teil des Keilbeins, auf dem Siebbein, unter der Decke des innern Stirnknochen-Gewölbes ruhen die vordern lobi des Gehirns. Von eben dieser Gegend entspringen die vorzüglichsten Nerven der vordern Sinne und wir können uns nunmehr an den zweiten Abschnitt des Schädels wenden, welcher einfach leichter zu denken und vor- und rückwärts zu verbinden ist.

8. Das hintere Keilbein

Es kommt dieses in allen seinen Teilen mit dem vordem Keilbein überein; es hat einen Körper, ein paar Flügel, welche sich nach oben seitwärts ausbreiten, und da wo diese Flügel an den Körper befestiget sind, finden sich ein paar Öffnungen welche beim Menschen foramina rotunda 10 genannt werden und vor- und unterwärts zeigen sich ein paar processus.

Nur scheinen ihm jene Fortsätze zu fehlen welche wir bei dem vordem Keilbein bemerkt haben.

Die Flügel an der Seite lassen sich mit den großen Flügeln des menschlichen Keilbeins vergleichen. Sie sind bald größer bald kleiner als die Flügelfortsätze des vordem Keilbeins.

Sie verbinden sich nach vorne zu oft mit den Flügeln des vordem Keilbeins und schließen dadurch die fissuram anteriorem. Sie verbinden sich nach vorn und oben mit einem Winkel des Stirnbeins und in derselbigen Gegend bei Menschen und Affen mit dem Wangenbein. Hinterwärts verbinden sie sich mit dem Scheitelbein dem Schlafbein und dem Felsenbein. Die vordem und untern Fortsätze verbinden sich mit den hintern Fortsätzen des vordem Keilbeins welche bei manchen Tieren eben so gut zu diesem als zu jenem Körper zu gehören scheinen.

Foramina rotunda lassen sich völlig ihrer Lage und Verhältnis nach mit den foraminibus opticis vergleichen; nur daß sie niemals so nahe zusammenrücken als jene und selbst da wo sie am größten sind mehr auseinander gehalten werden.

Auch scheinen sie nicht so beständig zu sein als jene, wenigstens finden sie sich nicht an dem Schädel des Schweins.

Die obere Seite des Körpers hat jederzeit eine dem Türkensattel ähnliche Gestalt, die hintere Fläche verbindet sich mit der parte basilaris ossis occipitis und verwächst mit derselben oft so genau, daß sie von derselben nicht zu separieren ist, wenn sich das vordere Keilbein von dem hintern noch sehr leicht trennen läßt.

9. Das Schlafbein

Es wird unter diesem Namen hier nur der so genannte Schuppenteil des menschlichen Schlafbeins betrachtet, in so fern es nach der eingeschlagenen Methode, zu der mittlem Region gehörte auf dem hintern Keilbein aufsitzt und als Seitenwand das Gewölbe der Scheitelbeine trägt.

An dem Schlafbein bemerken wir zuerst die Schuppe. Die schöne flache Gestalt welche sie beim Menschen hat zeigt sich bei keinem

Tier, sie nimmt sehr verschiedene Gestalten an. Ihr oberer Rand verbindet sich mit dem Scheitelbein, ihr unterer mit dem hintern Keilbein; ihre übrigen Verbindungen sind nachher zu betrachten. An dem untern Teil der Schuppe nach vornen zu findet sich der processus zygomaticus an dessen unterstem und hinterstem Teil der processus articularis hervorgeht. Es verdient dieser Teil welcher bei den Menschen nur eine geringe Erhöhung ist und durch die Gelenkhöhle welche vor demselben liegt, tiefer wird [besondre Erwähnung]. Gleich hinter dem processu articulari liegt ein Bogen, unter welchem der äußere Gehörgang in das Innere dringt. Das andere Ende des Bogens macht der von mir sogenannte processus mammillaris. Es wird in der Folge gezeigt werden, daß der bei den Tieren allenfalls so zu benennende Teil, nicht mit demjenigen verwechselt werden dürfe; welcher bei dem Menschen ohngefähr in selbiger Gegend zum Vorschein kommt.

Es finden sich gewöhnlich verschiedene Öffnungen in diesem Knochen. Die mittlere liegt jederzeit unter dem Bogen, führt manchmal zu einer kleinen eigenen Höhle und steht mit den übrigen in Verbindung. Eine andere geht hinterwärts über dem processu mammillari heraus, ein paar andere über dem processu zygomatico. Diese Öffnungen sind alle zufällig sie können alle fehlen oder manchmal von denselben nur eine geringe Anzeige sein. Bei den Menschen und Affen werden sie [als] emissaria Santorini betrachtet, bei den übrigen Tieren kommen sie größer vor; es werden die dadurch herausgeführten Gefäße mehr zu betrachten sein.

10. Das Zitzenbein

Auch dieses ist nicht mit dem Zitzenfortsatz der Menschen zu vergleichen, die Tiere haben durchgängig keinen Zitzenfortsatz und man muß die Blase in welcher sich die Paukenhöhle befindet auf keine Weise mit dem Zitzenfortsatz des Menschen verwechseln. Wenn nun auch gleich der erste Anblick bei einigen, besonders bei dem Schweine verführen sollte, so wird uns doch eine nähere Betrachtung sogleich auf den rechten Weg bringen.

Schon daraus, daß der Zitzenfortsatz bei den Menschen erst durch die Muskeln hervorgebracht wird, bei den jüngsten Tieren aber sich schon dieses Zitzenbein befindet, läßt sich schon vermuten, daß dieser Teil ein Haupt- und Grundteil bei den Tieren sei.

Wenn wir ferner bedenken, daß so viele Tiere keine Clavikel haben, daß der nach dem Schlaf zu gehende sternocleidomastoideus fehlt, so sehen wir auch nicht wie ein solcher Teil durch die Muskeln hervorgezogen werden könnte. Betrachten wir den Teil nun näher, so finden wir ihn oft als eine hohle Blase in einer rundlich ausgedehnten Gestalt; manchmal erscheint er beuteiförmig, manchmal zitzenförmig; und dann ist er an seinem Ende mit einem zelligen Gewebe ausgefüllt, wenn die Paukenhöhle sehr klein ist. Dieses ist der Fall beim Schwein und hat Anlaß gegeben ihn mit dem zitzenförmigen Fortsatz zu verwechseln.

Es läßt sich dieser Knochen bei mehreren Tieren vollkommen von Schlaf- und von Felsenbein trennen. Die sonderbare Verschränkung dieser drei Knochen mit welcher sie zusammengehalten werden läßt sich kaum beschreiben. Der eigentliche Charakter dieses Knochens ist folgender.

Der äußere Gehörgang mit seiner mehr verlängerten Röhre führt in diesen Knochen hinein, wo sich alsdann die meist ringförmige Erhöhung findet worin das Paukenfell festsitzet. Inwendig ist dieser Knochen mehr oder weniger hohl und enthält Abteilungen, welche mehr oder weniger die Gestalt einer Muschel oder Schnecke annehmen. Es läßt sich bemerken, daß dieser Körper eine mehr oder weniger veränderte Gestalt annimmt, je stärker die Wirkung des Processus styloidei auf ihn ist.

Indem nämlich die äußere Seite dieses Knochens die knochene Scheide bildet durch welche der processus styloideus hindurch gehet so schmiegt sie sich mehr oder weniger um denselben herum. Es kommt also auf die Stärke und auf die Richtung desselben an, ob die Blasen- und Muschelgestalt in eine Schneckengestalt verwandelt werden sollen, denn es ist eigentlich der processus styloideus welcher die Spindel machet und die Schnecke windet. An dem untern Ende dieser Blase sieht man oft einige processus spinosos welche durch die Wirkung einiger zarten Muskeln hervorgebracht werden.

Hinterwärts ist diese Blase jederzeit offen um sich mit dem folgenden Knochen zu verbinden wie wir bei der Beschreibung sehen werden.

11. Das Felsenbein

Es ist auch dieses Bein ohne den Zusammenhang mit dem vorigen schwer zu beschreiben.

Wir teilen dasselbe in zwei Teile in den innern der nach dem Schlafe und in den äußern der nach dem Hinterhaupt zu liegt. An dem ersten unterscheiden wir zwei Seiten die vordere und hintere. Die vordere schließt sich an die Öffnung der Paukenhöhle an und enthält die verschiedenen Vertiefungen des Labyrinths.

Die hintere Seite liegt gegen das Gehirn zu und es tritt der Gehörnerv in eine Vertiefung derselben ein. Es sind noch verschiedene Vertiefungen an dieser Seite welche näher zu betrachten sein werden.

Dieser Teil ist eigentlich der felsenfeste Teil zu nennen; denn es besteht derselbe aus einem festen nicht mit den mindesten Zellen angefüllten Knochen.

Der andere Teil des Knochens der gegen das Hinterhaupt zu gerichtet ist, wird mehr schwammig angetroffen; er setzt sich wie ein Keil zwischen das Schlaf-, Zitzen- und Hinterhauptsbein und der Felsenteil wird dadurch an seinem Platze gehalten. Bei den meisten Tieren erscheint er an der Seite des Hinterhauptbeins und liegt unter der erhabenen Linie, welche sich über das Hinterhauptsbein über die Scheitelknochen nach dem Schlafbein zu erstreckt. Man sieht also; daß er den flachen Teil partis mastoideae des Schlafknochens des menschlichen Schädels ausmacht.

Von diesem gehet der processus styloideus aus welcher eigentlich ein stumpfer Knochenfortsatz ist, an welchen sich ein tendo ansetzt worauf sodann erst der processus styloideus folgt. Es kommt dieser Fall auch bei Menschen vor, ob sich gleich da auch gewöhnlich der tendinöse Zwischenraum zu verknöchern pflegt. Wie schon sich das Felsenbein durch diesen Fortsatz mit dem Zitzenbein verbindet, wie beide alsdann durch den zitzenförmigen Fortsatz des Schlafbeins mit dem Schlafbein verbunden werden, so daß der äußere Gehörgang unmittelbar unter den Bogen zu stehen kommt, kann man an dem Schädel einer Ziege wo die Knochen noch nicht verwachsen sind am besten sehen, weil es die Struktur erlaubt; daß man diese drei Knochen mit einiger Sorgfalt auseinander nehmen und wieder mit einander verbinden kann.

Hat man sich dann an der Betrachtung dieser und anderer Tiere geübt so wird man diese drei entschiedenen Knochen-Abteilungen, auch bei dem menschlichen Schädel entdecken, und ohnerachtet ihres hartnäckigen Verwachsens die Grenzen derselben bestimmen können.

[Weitere Beschreibungen zur Ergänzung der Knochenlehre]

Erster Halswirbel
Atlas

Prop. gen. formae. Die Gestalt desselben weicht von der Gestalt der übrigen Wirbelknochen ab, die Ursache davon ist seine besondere Bestimmung mit dem Haupte zu artikulieren und sich sodann mit dem eigens gestalteten Epistropheus zu verbinden.

Corpus s. Arcus ant. Ist bei einigen Tieren ziemlich stark obgleich immer schwächer als an den übrigen Wirbelknochen. Z. B. beim Pferde, Schafe, Ochsen. Hat an der äußern Fläche ein nach hinten zu gerichtetes Tuberculum. Bei fleischfressenden Tieren ist er sehr schmal und zart wie auch beim Menschen.

Halbzirkelförmige Vertiefung an der inwendigen Seite des Arcus, den Kopf des Epistroph. aufzunehmen, *beim Schwein.*

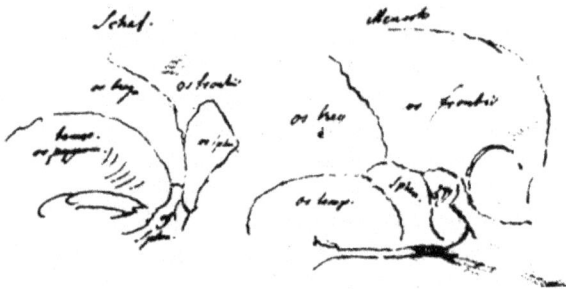

Johann Wolfgang Goethe
Schädelknochen von Mensch und Schaf.
Zeichnung, Feder mit Tinte, wahrscheinlich 1790

Inwendig Eindruck des Knöpfchens des Epistropheus inwiefern Foramina die ihn durchbohren.

Inwendig Fovea (for. coecum) pro ligamento transversali.

Arcus poster. s. super. Flach breit bei Gras, sowohl als Fleisch fressenden Tieren.

Außen höckerichte Protuberanz.

Foramina die ihn durchbohren.

Apophyses obliquae. Sehr vertieft. Arcus anter. und posterior geben jeder wie man beim Pferde deutlich sieht zwei processus her um diese cavitates glenoidales zu bilden, die nach vorn gerichtet sind.

Die Artikulation mit dem Epistropheus geschieht durch eminentias condyloideas welche manchmal durch ein glattes Wülstchen verbunden sind.

Die untern Gelenkflächen reichen bis nach innen, meist sieht man keinen Eindruck des Knöpfchens des Epistropheus.

Die Seitenfortsätze sind flügelartig und gehen von vorn nach hinten herabwärts.

Foramina die sie durchbohren.

Disproportionierte Größe des Atlas und Epistropheus gegen die fünf übrigen Halswirbelknochen. Verwachsung.

Epistropheus

Ist länger als die sämtlichen übrigen Wirbelknochen.

Der *Körper* ist lang und stark, hat an der äußern Seite eine spinam, *oben artikuliert* er sich dreifach mit dem Atlas,

a) durch zwei *Gelenkflächen* die auf dem Körper aufsitzen

b) durch den zahn- bei den Tieren *rinnenartigen* Fortsatz, der nach innen und hinten gewissermaßen ausgehöhlt ist.

NB. Diese drei Gelenkflächen stoßen zusammen beim Tiere, sind abgesondert beim Menschen.

Die *untere Artikulation* mit dem folgenden Gelenkknochen ist einfach und ausgehöhlt.

Der Proc. spinös, stellt eine crista vor an der die *zwei Artikulations* Flächen (proc. obl. inferiores) mit dem folgenden Wirbelknochen sich befinden.

Quaer? Bei welchen Tieren die crista über den folgenden Wirbelknochen hinausreicht? Quantum scio bei Fleischfressenden und Verwandten. Bei Grasfressenden geht er nur bis an die proc. obliq. inf.

Die processus transversales sind kurz und dünn, nach hinten (unten) gekehrt, gehen parallel mit dem Markkanal des Knochens. Hinter ihnen (zwischen ihnen und dem Körper) geht der Kanal für die Wirbelader durch.

NB. Verbindung des obern Teils der Crista mit dem Corpore unter der vordern Gelenkfläche durch einen Fortsatz der wie ein verknöchert Ligament aussieht. (Beim Pferde und Schafe). Eine Öffnung die dadurch entsteht. Was da durchgehe?

Dritter Halswirbel
Vertebra colli tertia

Dieser nimmt zuerst die eigentliche Gestalt eines Halswirbels an, welche die übrigen fünf, jedoch mit sehr charakteristischen Abweichungen beibehalten.

Er ist kürzer als der vorhergehende, und länger als die übrigen Halswirbel, welche alsdann hinabwärts immer mehr in der Länge ab- und der Breite und Stärke ihrer Teile zunehmen. Dieses wird vorzüglich merkbar bei Tieren die lange Hälse haben, da dieses Verhältnis bei andern, die kurze Hälse haben, nicht so auffallend ist.

Sein Körper ist stark und hat nach außen (vorn, unten) eine spina. Er artikuliert mit dem epistropheus durch eine erhabene, mit dem vierten Halswirbel durch eine vertiefte Gelenkfläche. Die processus obliqui superiores und inferiores stehen an den sogenannten cruribus des processus spinosi, die ersten aufwärts, die andern abwärts. Die processus superiores und ihre Gelenkflächen sind kleiner als die inferiores und ihre Gelenkflächen.

Die processus transversales sind flügelartig, beinah so lang als der Körper selbst. Jeder Flügel hat wieder einen Fortsatz, eine zartere erhobene Form, der sich näher an den Körper anbiegt, eine stärkere nach hinten und unten, der sich vom Körper entfernt, und mit demselben die incisives bildet. Der processus perpendicularis fehlt manchmal. Ist er gegenwärtig, so ist er immer kleiner als die der folgenden Halswirbel. Er steht manchmal unter der crista des epistropheus, beim Biber habe ich ihn mit derselben verwachsen gesehen.

Vierter Halswirbel
Vertebra colli quarta

Überhaupt den vorigen ähnlich, doch bemerkt man folgende Abweichung. Er ist kürzer, breiter und in seinen Teilen stärker und zusammengedrängter als der vorhergehende.

Besonders zeigen die processus transversales eine Veränderung. Sie werden kürzer als der Körper, der vordere breiter und der hintere besonders stärker.

Der hinter demselben hervorgehende Kanal wird gleichfalls kürzer.

Der processus spinosus wird höher, oder das an seiner Stelle befindliche tuberculum stärker.

Fünfter Halswirbel
Vertebra colli quinta

Die Verkürzung des Ganzen hat noch mehr zugenommen, besonders der processuum transversorum. Ihre vordern Enden werden immer breiter und bei manchen Tieren zeigt sich an denselben schon eine Spur eines abermaligen Fortsatzes, der sich erst an den folgenden Wirbelknochen recht deutlich entwickelt.

Sechster Halswirbel
Vertebra colli sexta

An diesem zeigen sich die Seitenfortsätze besonders flügelartig, und zwar entsteht diese Bildung daher, daß man dem Körper selbst, und zwar dessen hintern und untern Teile einen Fortsatz losgibt, und sich mit dem uns schon bekannten vordem Teile des processus transverso vereinigt mit ihm ein Ganzes bildet und wie ein kleines Gewölbe, worunter der Schlund wegläuft, formiert, indes daß der hintere Teil des Seitenfortsatzes sehr verkürzt über dem neuen und in seiner Art einzigen Fortsatze sich befindet. Der Kanal ist indessen sehr kurz geworden.

Der processus spinosum oder das an seiner Stelle befindliche tuberculum wächst immer fort.

Siebenter Halswirbel
Vertebra colli septima

Die Abweichung von dem vorigen auf den gegenwärtigen ist sehr groß. Sein Körper ist kurz und zusammengezogen.

Von den processibus transversis ist der vorher erwähnte flügelartige Fortsatz ganz verschwunden, und der uns bisher nur als hintere und obere Teil [bekannte Abschnitt] ist geblieben.

An der Seite der untern Gelenkvertiefung sieht man zwei Gelenkflächen eingedruckt, welche sich von dem Kopfe der ersten Rippe herschreiben.

Die processus obliqui superiores und ihre Gelenkflächen sind viel größer als die untern und ihre Gelenkflächen.

Der processus spinosus oder das tuberculum das seine Stelle vertritt, ist hier der größte stärkste und höchste bei allen Halswirbeln.

Sternum

Es besteht dieser Teil, den wir den Brustgrat im Gegensatz vom Rückgrate nennen dürfen, aus mehrern Knochen, deren Zahl sehr variiert von 10 bis 5 und deren Gestalt sich gar wohl aus der Gestalt der Rückenwirbel herleiten läßt, sobald wir wohl beobachten wie Rückenwirbel nach und nach sich in Schwanzwirbel verwandeln, und eine phalangenartige Gestalt annehmen. Diese Gestalt erhält sich bei einigen durch alle Knochen des sternums, bei andern wechselt sie ab. Man muß die gemachten Beobachtungen durchführen um einen Typus durch Claudation hervorbringen zu können.

Untere Kinnlade

Besteht bei den Mammalien aus zwei Teilen welche früher oder später auch wohl gar nicht fest zusammenwachsen.

Man zählt sie also wohl unter die gepaarten Knochen und beschreibt einen da denn der andre beschrieben ist.

Man teilt jede Hälfte in den *Körper*, in die *Äste* oder *Flügel*. Der Körper enthält die Alveolen am Flügel ist merkwürdig der *untere Winkel* an den sich der Masseter ansetzt, der processus coronoideus und der pr. condyloideus. Mit dieser Terminologie kommen wir vollkommen bei der komparativen Anatomie der Mammalien aus und dürfen nur Längen Breiten und hauptsächlich die Bilanz der Teile genau bestimmen.

Zahl, Form der Zähne. NB. im Kap. der Zähne.

Dagegen werden wir in das Reich der Fische und Amphibien gehen müssen, wenn wir uns die Konstruktion des Ganzen aus mehreren Teilen wollen anschaulich machen.

Kommt uns immer als ein sonderbar geformtes unerklärliches Ganze vor.

Die untere Kinnlade des Krokodils ist auch ein gepaarter Knochen und besteht jede Seite aus 5 Knochen die ganze Kinnlade also aus 10 Knochen welche sich beim jungen Krokodil sehr schön separieren. Diese Knocheneinteilung ob sie gleich bei den Mammalien nie vorkommt, wird uns doch den Begriff von der Gestalt dieses Knochens auch bei den Mamm. sehr erleichtern, da uns der Typus dieses Teils dadurch allein aufgeklärt wird.

1. Der erste Knochen den ich os alveolare nennen will ist der größte von allen er macht die äußere und stärkere Seite des Körpers aus und enthält alle Alveolen, er macht die Symphysis mit dem gepaarten Knochen vorn am Kinn p. Scheide. NB. Muskeln, Foramen des ausgehenden Nervs.

2. Der zweite Knochen den ich os vaginale nenne nicht weil er die Scheide allein macht sondern weil er sie zuschließt ist ein flacher schwacher Knochen; er erstreckt sich von der Symphysis beider ossium alveolarium bis an den Eintritt des nervi und macht die aperturam posteriorem zur Hälfte.

3. Der dritte Knochen os angulare

4. os coronoideum

5. os condyloideum

Zähne

Kein Teil zehrt mehr Knochenmasse auf als die Zähne und zwar auch diese wieder in einem gewissen Maße.

Die Schneidezähne vorzüglich, der Eckzahn weil er freies Wachstum hat am stärksten.

Unter den Backenzähnen verlangen die meisten Knochen Nahrung die trilobati, die breiten weniger, am wenigsten die der Ziegen pp.

Vielleicht weil die trilobati mehr Email als die reinste Knochenmasse an sich ziehen.

Organische Teile die wir Zähne nennen in organischen Naturen sehr häufig die Möglichkeit

In allen Tieren in denen die Knochen nicht sehr genährt sind, ist ein großer Überfluß von Zähnen da müssen wir ihre ursprüngliche Form und ihre Eigenschaften kennen lernen

Delphin.

Hai.

Röhre, gleich, spitz, oben breit unten spitz umgekehrt.

Einfache Wurzel und spitze Deutchen.

Annäherung, Zusammenwachsen, soviel Wurzeln, soviel Zähne, Folge der Formen.

Diploe, Sinus, Hörner, Klauen

1. *Diploe,* die beiden Blätter stehen gleichweit von einander und sind mit einem lamellösen, spongiosen Knochengewebe verbunden welches an beide Blätter befestigt ist.

2. *Sinus,* eines der Knochenblätter ist befestigt, daß es nicht weichen kann und seine Ausdehnung behalten muß, wie es der Fall bei allen Knochen ist, an welche inwendig die dürre Materie befestigt ist. Das andre setzt seinen Wachstum fort und löst sich ab. Die Lamellen zieht es mit sich fort, wenn es langsam wächst und Knochenmaterie genug da ist, sonst sind Fälle, wo ein Knochen ganz unterhöhlt wird. Gewöhnlich wird ein solcher Sinus durch das Ende des Knochens geschlossen wie z. E. der Stirnknochen der Katzen Luxe und wahrschein-

lich mehrerer aus diesem Geschlechte, ganz sinuos ist, diese Sinuosität aber mit der Sutur sich schließt und keine Spur eines Sinus in den ossibus bregmatis sich findet. Dagegen sind die Stirn, Scheitel und Hinterhauptsknochen des Schweins durchgängig sinuos und ihre Sinus hangen alle zusammen.

Je kleiner das Gehirn des Tiers zu seinem übrigen Knochenbau, desto mehr und größer sind die Sinus der Knochen des Hauptes.

Dieses Verhältnis des Gehirns ist nicht allein zur Größe des Tiers zu rechnen, sondern auch vorzüglich nach jenem ersten Prinzip der Vergleichung, daß die Natur nicht geben kann ohne auf der andern Seite zu nehmen, sie kann nichts nehmen ohne auf der andern Seite zu geben.

Hätte also ein Tier bei einem verhältnismäßig kleinen Gehirn alle Zähne so stünde es in einem gleichern Verhältnis als ein Tier, das bei verhältnismäßig kleinem Gehirn keine Zähne hätte.

Bei dem ersten hätte die Natur weniger Knochenmasse an andre Teile zu verwenden als beim zweiten. Anwendung auf die Sinus.

Tiere eines proportionierlichen großen Gehirns haben wenig Sinus. Der Mensch sinus frontales, anteriores, maxillae superiores. Welche zwei zum notwendigen Tierbau gehören. Das größte Gehirn proportionierlich zum Knochenbau des Kopfes das ich kenne ist das Gehirn des Armadills. Er hat auch nur die sinus frontales anteriores und eine Spur des sinus maxillae sup.

Das Schwein hat ein sehr kleines Gehirn und ob es gleich alle Zähne hat so sind doch die sinus des Hauptes sehr mannigfaltig.

Wasserleben des Tiers. Ausdehnung der Peripherie.

Die Katzenarten haben das ganze os frontis sinuos, ingl. die ossa sphenoidea. Der sinus max. sup. fällt ganz weg. Dagegen haben sie die Zähne die am meisten Knochenmasse verlangen. Bei den hörnertragenden Tieren scheint die Sinuosität auf das os frontis eingeschränkt zu haben. Erklärung der Hörner.

Ein Stirnknochen hat eine schwache Stelle, eine Art Fontanell im Knochen. Bliebe die Diploe beisammen so würde sich das Fontanell von selbst verwachsen.

Bleibt aber das eine Knochenblatt gerade und das andre wächst fort, so ist offenbar, daß in dem obern Knochenblatt die Stellen schwächer werden und durch den Zufluß ein hohler Höcker entstehen muß. Dieser schließt sich entweder bald oder spät, schwitzt, nachdem er sich geschlossen, noch sachte anhaltend oder periodisch auf einmal

Knochenmasse aus und verlängert die Hörner oder bringt Geweihe jährlich hervor.

Hohler Höcker.
Knochen-Kern des Horns.
schließt sich bald spät
Gemse, Ochse, Ziege.
schwitzt Knochenmaterie aus
sukzessiv periodisch
dauernde Hörner Geweihe

Wir müssen nur diesen mehr oder weniger hohlen und sinuosen Knochenkern wohl von seiner Schale unterscheiden, welche ihn außen überzieht und meist von ihm ohne Verletzung getrennt werden kann. Diese hohle Schale ist es, welche wir sehen und das Hörn nennen, wir wissen, daß es nicht knochenartig sondern von der Beschaffenheit der Hufe und Klauen ist. Laßt uns versuchen, ob wir nicht die ähnliche Entstehung dieser Teile finden können.

Bei einem jungen Tiere, bei dem die Knochen Protuberanz noch nicht in die Höhe treibt, bedeckt die Haut angespannt den Teil, ja die Haut dehnt sich, wenn der Knochenkern wächst bis auf einen gewissen Grad aus und bedeckt die ersten Hervorragungen. Wird der Knochenkern größer, so kann die Haut nicht mehr folgen, sondern es entsteht ein membranöser Zustand zu dem die Haut, die Ausdünstung des Knochens und die äußere Luft das ihrige beitragen und so entsteht die Hornscheide. Q[uaeritur] Wie sie im natürlichen Zustande mit dem Knochenkern zusammen hängt?

Die Geweihe kommen mit einer Haut überzogen hervor, die aber nicht dauert.

Die offenen Knochenkerne der Ochsen, Ziegen, Gemsen bedeckt die Natur.

Die Geweihe sind Knochenkerne ohne Bedeckung; sie sind fest nicht bloß liegende Knochenmasse. Die Geweihe kommen darin mit den Zähnen überein, welche auch die Luft vertragen, Knochen im vollendeten Zustand sind.

2. Abschnitt
Versuch einer allgemeinen Vergleichungslehre

Wenn eine Wissenschaft zu stocken und ohnerachtet der Bemühung vieler tätiger Menschen, nicht von Flecke zu rücken scheint; so läßt sich bemerken, daß die Schuld oft an einer gewissen Vorstellungsart, nach welcher die Gegenstände herkömmlich betrachtet werden, an einer einmal angenommenen Terminologie liege, welchen der große Haufe sich ohne weitere Bedingung unterwirft und nachfolgt und welchen denkende Menschen selbst sich nur einzeln, und nur in einzelnen Fällen schüchtern entziehen. Von dieser allgemeinen Betrachtung, gehe ich gleich zu dem Gegenstande über, welchen wir hier behandeln, um sogleich so deutlich als möglich zu sein und mich von meinem Zwecke nicht zu entfernen.

Die Vorstellungsart: daß ein lebendiges Wesen zu gewissen Zwecken nach außen hervorgebracht, und seine Gestalt durch eine absichtliche Urkraft dazu determiniert werde, hat uns in der philosophischen Betrachtung der natürlichen Dinge schon mehrere Jahrhunderte aufgehalten, und hält uns noch auf, obgleich einzelne Männer diese Vorstellungsart eifrig bestritten die Hindernisse welche sie in den Weg lege gezeigt haben.

Es kann diese Vorstellungsart für sich fromm, für gewisse Gemüter angenehm für gewisse Vorstellungsarten unentbehrlich sein, und ich finde es weder rätlich noch möglich sie im ganzen zu bestreiten. Es ist wenn man sich so ausdrücken darf eine triviale Vorstellungsart, die eben deswegen wie alle triviale Dinge trivial ist, weil sie der menschlichen Natur im ganzen bequem und zureichend ist.

Der Mensch ist gewohnt, die Dinge nur in der Maße zu schätzen, als sie ihm nützlich sind, und da er seiner Natur und seiner Lage nach sich für das Letzte der Schöpfung halten muß; warum sollte er auch nicht denken, daß er ihr letzter Endzweck sei. Warum soll sich seine Eitelkeit nicht den kleinen Trugschluß erlauben? Weil er die Sachen braucht und brauchen kann, so folget daraus; sie sein hervorgebracht, daß er sie brauche. Warum soll er nicht die Widersprüche, die er findet lieber auf eine abenteuerliche Weise heben, als von denen Forderungen, in denen er sich einmal befindet nachlassen? Warum sollte er ein Kraut, das er nicht nutzen kann, nicht Unkraut nennen? Da es wirklich nicht an dieser Stelle für ihn existieren sollte. Eher wird er die Entstehung [der] Distel, die ihm die Arbeit auf seinem Acker sauer macht, dem Fluch eines erzürnten guten Wesens, der Tücke eines schadenfrohen bösen Wesens zuschreiben; als eben diese Distel für ein Kind der großen allgemeinen Natur zu halten, das ihr eben so nahe am Herzen liegt, als der sorgfältig gebauete und so sehr geschätzte Weizen. Ja, es läßt sich bemerken, daß die billigsten Menschen, die sich am meisten zu erheben, glauben wenigstens nur bis dahin gelangen, als wenn doch alles wenigstens mittelbar auf den Menschen rückfließen müsse, wenn nicht noch etwa eine Kraft dieses oder jenes Naturwesens entdeckt würde, wodurch es ihm als Arzenei oder auf irgend eine Weise nützlich würde.

Da er nun ferner an sich und an andern mit Recht diejenigen Handlungen und Wirkungen am meisten schätzt, welche absichtlich und zweckmäßig sind; so folgt daraus: daß er der Natur, von der er ohnmöglich einen größern Begriff als von sich selbst haben kann auch Absichten und Zwecke zuschreibe.

Glaubt er ferner, daß alles, was existiert, um seinetwillen existiere, alles nur als Werkzeug als Hülfsmittel seines Daseins existiere, so folgt wie natürlich daraus: daß die Natur auch eben so absichtlich und zweckmäßig verfahren habe, ihm Werkzeuge zu verschaffen, wie er sie sich selbst verschafft.

So wird der Jäger, der sich eine Büchse bestellt um das Wild zu erlegen die mütterliche Vorsorge der Natur nicht genug preisen, daß sie von Anfang her den Hund dazu gebildet, daß er das Wild durch ihn einholen könne. Es kommen noch mehr Ursachen dazu, warum es überhaupt den Menschen unmöglich ist diese Vorstellungsart fahren zu lassen.

Wie sehr aber ein Naturforscher, derjenige der über die allgemeinen Dinge weiter denken will, Ursache habe sich von dieser Vorstellungsart zu entfernen, können wir an dem bloßen Beispiel der Botanik sehen. Der Botanik als Wissenschaft, sind die buntesten und gefülltesten Blumen, die eßbarsten und schönsten Früchte nicht mehr, ja im gewissen Sinne nicht einmal so viel wert als ein verachtetes Unkraut im natürlichen Zustande, als eine trockne unbrauchbare Samenkapsel.

Ein Naturforscher also wird sich nun einmal schon über diesen trivialen Begriff erheben müssen, ja wenn er auch als Mensch jene

Vorstellungsart nicht los werden könnte wenigstens insofern er ein Naturforscher ist, sie so viel als möglich von sich entfernen.

Diese Betrachtung welche den Naturforscher im allgemeinen angeht, trifft uns auch hier nur im allgemeinen eine andere aber, die jedoch unmittelbar aus der vorigen fließt, geht uns schon näher an. Der Mensch, indem er alle Dinge auf sich bezieht, wird dadurch genötigt, allen Dingen eine innere Bestimmung nach außen zu geben, und es wird ihm dieses um so bequemer, da ein jedes Ding, das leben soll ohne eine vollkommene Organisation gar nicht gedacht werden kann: indem nun diese vollkommene Organisation nach innen zu höchst rein bestimmt und bedingt ist; so muß sie auch nach außen eben so reine Verhältnisse finden, da sie auch von außen nur unter gewissen Bedingungen und in gewissen Verhältnissen existieren kann: So sehen wir auf der Erde, in dem Wasser, in der Luft, die mannigfaltigsten Gestalten [der] Tiere sich bewegen, und nach dem gemeinsten Begriffe sind diesen Geschöpfen die Organe angeschaffen, damit sie die verschiedenen Bewegungen hervorbringen und die verschiedenen Existenzen erhalten können. Wird uns aber nicht schon die Urkraft der Natur die Weisheit eines denkenden Wesens welches wir derselben unterzulegen pflegen, respektabler, wenn wir selbst ihre Kraft bedingt annehmen, und einsehen lernen, daß sie eben so gut von außen als nach außen, von innen als nach innen bildet. Der Fisch ist für das Wasser da, scheint mir viel weniger zu sagen als: der Fisch ist in dem Wasser und durch das Wasser da; denn dieses letzte drückt viel deutlicher aus, was in dem erstem nur dunkel verborgen liegt, nämlich: die Existenz eines Geschöpfes das wir Fisch nennen, sei nur unter der Bedingung eines Elementes das wir Wasser nennen möglich, nicht allein um darin zu sein, sondern auch um darin zu werden. Eben dieses gilt von allen übrigen Geschöpfen. Dieses wäre also die erste und allgemeinste Betrachtung von innen nach außen und von außen nach innen, die entschiedene Gestalt ist gleichsam der innere Kern, welcher durch die Determination des äußeren Elementes sich verschieden bildet. Eben dadurch erhält ein Tier seine Zweckmäßigkeit nach außen; weil es von außen, so gut als von innen gebildet worden. Und was noch mehr aber natürlich ist weil das äußere Element, die äußere Gestalt eher nach sich, als die innere umbilden kann. Wir können dieses am besten bei den Robbenarten sehn deren Äußeres so viel von der Fischgestalt annimmt wenn ihr Skelett uns noch das vollkommene vierfüßige Tier darstellt.

Wir treten also weder der Urkraft der Natur, noch der Weisheit und Macht eines Schöpfers zu nahe, wenn wir annehmen: daß diese mittelbar zu Werke gehe, jener mittelbar im Anfang der Dinge zu Werke gegangen sei. Ist es nicht dieser großen Kraft anständig, daß sie das Einfache einfach, das Zusammengesetzte zusammengesetzt hervorbringe? Treten wir ihrer Macht zu nahe, wenn wir behaupten; sie habe ohne Wasser keine Fische, ohne Luft keine Vögel, ohne Erde keine übrigen Tiere hervorbringen können, so wenig als sich die Geschöpfe ohne die Bedingung dieser Elemente existierend denken lassen. Gibt es nicht einen schönern Blick in den geheimnisreichern Bau der Bildung? welche, wie nun immer mehr allgemein anerkannt wird, nach einem einzigen Muster gebaut ist, wenn wir, nachdem wir das einzige Muster immer genauer erforscht und erkannt haben, nunmehr fragen und untersuchen was wirkt ein allgemeines Element unter seinen verschiedenen Bestimmungen auf eben diese allgemeine Gestalt? Was wirkt die determinierte und determinierende Gestalt diesen Elementen entgegen? Was entsteht durch diese Wirkung für eine Gestalt, der festen, der weicheren, der innersten und der äußersten Teile. Was wie gesagt die Elemente in allen ihren Modifikationen durch Höhe und Tiefe durch Weltgegenden und Zonen hervorbringen.

Wie vieles ist hier schon vorgearbeitet, wie vieles braucht nur ergriffen und angewandt zu werden, ganz allein auf diesen Wegen.

Und wie würdig ist es der Natur, daß sie sich immer derselben Mittel bedienen muß, um ein Geschöpf hervorzubringen und zu ernähren; so wird man auf eben diesen Wegen fortschreiten und wie man nur erst die unorganisierten, undeterminierten Elemente als Vehikel der unorganisierten Wesen angesehen, so wird man sich nunmehr in der Betrachtung erheben und wird die organisierte Welt wieder als einen Zusammenhang von vielen Elementen ansehen. Das ganze Pflanzenreich z. E. wird uns wieder als ein ungeheures Meer erscheinen, welches eben so gut zur bedingten Existenz der Insekten nötig ist, als das Weltmeer und die Flüsse zur bedingten Existenz der Fische, und wir werden sehen, daß eine ungeheure Anzahl lebender Geschöpfe in diesem Pflanzen-Ozean geboren und ernährt werde, ja wir werden zuletzt die ganze tierische Welt wieder nur als ein großes Element ansehen, wo ein Geschlecht auf dem andern und durch das andere, wo nicht entsteht doch [sich] erhält. Wir werden uns gewöhnen Verhältnisse und Beziehungen, nicht als Bestimmungen und Zwecke anzusehen, und dadurch ganz allein in der Kenntnis wie sich die bildende Natur von allen Seiten und nach allen Seiten äußert weiterkommen. Und man wird sich durch die Erfahrung überzeugen wie es bisher der Fortschritt der Wissenschaft bewiesen hat, daß der reellste und ausgebreitetste Nutzen für die Menschen nur das Resultat großer und uneigennütziger Bemühungen sei, welche weder taglöhnermäßig ihren Lohn am Ende der Woche fordern dürfen, aber auch dagegen ein nützliches Resultat für die Menschheit weder am Ende eines Jahres noch Jahrzehents noch Jahrhunderts vorzulegen brauchen.

Muskeln eines Ziegenkopfs

Von den Eindrücken des Hinterhauptbeins entspringen nachfolgende Muskeln

1. Gleich unter der Haut einen sehnigen inwendig aber zelligen und mit Fett ausgefüllten Ligament-Ansatz, geht den Rücken hinunter, wird über dem epistropheus breiter, nach der Seite zu wird er fleischig, bedeckt einen Teil des Halses und eben so vorwärts den hintern Teil des Gesichts. Er ist das nächste Mal genau zu beobachten, es scheint ein subcutaneus zu sein.

2. Unter diesem kommt eine sehr starke Sehne hervor, welche zwei Finger breit von keiner Muskelfaser begleitet wird, alsdenn entspringen aber Muskelfasern von derselben, biegen sich wieder vorwärts, werden über der obern Ecke des atlantis sehnig. Diese sehnigen Teile schließen sich wieder in die Mitte des Hinterhauptbeins an, ingleichen an die ganze lineam semicircularem, an partem externam ossis petrosi, ja, sie scheinen um das ganze Ohr und über den [Lücke] des ossis temporum weg zu gehen. Nach unten entstehen aus sehnigen Anfängen zwei runde Muskeln, deren Enden abgeschnitten waren, eben so war der tendo und der Muskel desselben nach hinten zu abgeschnitten.

3. Neben den obgedachten tendine Nr. 2 setzt sich eine tendinöse Haut recht in die beiden Winkel fest. Es hat diese Sehne an der äußern Seite fast von ihrem Ursprünge an Muskelfasern; ihr Ende wird erst über dem epistropheus fleischig. Es war auch dieses abgeschnitten. NB. Der obere sehnige Teil geht ganz aufwärts!

4. Gleich unter diesem setzt sich ein Muskel mit sehr starken Fleischfasern in die Vertiefung des Hinterhauptbeins, er befestigt sich an die Rückenspitze des atlantis und geht alsdenn bis über den epistropheus hin auf dessen Rücken die Fasern der beiden Muskeln zusammenstoßen. Neben ihm entspringen teils vom Hinterhauptsbeine teils vom Schlafbein:

5. Einige Muskeln welche zu Anfang teils fleischig teils sehnig sind und sich mit sehnigen Enden an den Rand des ossis atlantis festsetzen. Sie scheinen sich auch um den Rand herum nach innen zu begeben.

6. Unter oben gedachtem ersten Muskel füllet den Raum der zwischen dem Rücken des epistropheus und zwischen dem atlas sich befindet [ein] Fleischkissen aus welches in der Mitte einen flachen sehnigen Eindruck hat und dadurch eine Art von halber Kapsel für die darunter liegende Verbindung des atlantis und epistrophei macht.

In wiefern die Idee: Schönheit sei Vollkommenheit mit Freiheit, auf organische Naturen angewendet werden könne

Ein organisches Wesen ist so vielseitig an seinem Äußern, in seinem Innern so mannigfaltig und unerschöpflich, daß man nicht genug Standpunkte wählen kann es zu beschauen, nicht genug Organe an sich selbst ausbilden kann, um es zu zergliedern, ohne es zu töten. Ich versuche die Idee: Schönheit sei Vollkommenheit mit Freiheit, auf organische Naturen anzuwenden.

Die Glieder aller Geschöpfe sind so gebildet, daß sie ihres Daseins genießen, dasselbe erhalten und fortpflanzen können, und in diesem Sinn ist alles Lebendige vollkommen zu nennen. Diesmal wende ich mich sogleich zu den sogenannten vollkommnern Tieren.

Wenn die Gliedmaßen des Tiers dergestalt gebildet sind, daß dieses Geschöpf nur auf eine sehr beschränkte Weise sein Dasein äußern kann; so werden wir dieses Tier häßlich finden: denn durch die Beschränktheit der organischen Natur auf Einen Zweck wird das Übergewicht eines und des andern Glieds bewirkt, so daß dadurch der willkürliche Gebrauch der übrigen Glieder gehindert werden muß.

Indem ich dieses Tier betrachte, wird meine Aufmerksamkeit auf jene Teile gerichtet, die ein Übergewicht über die übrigen haben, und das Geschöpf kann, da es keine Harmonie hat, mir keinen harmonischen

Eindruck geben. So wäre der Maulwurf vollkommen aber häßlich, weil seine Gestalt ihm nur wenige und beschränkte Handlungen erlaubt und das Übergewicht gewisser Teile ihn ganz unförmlich macht.

Damit also ein Tier nur die notwendigen beschränkten Bedürfnisse ungehindert befriedigen könne, muß es schon vollkommen organisiert sein; allein wenn ihm neben der Befriedigung des Bedürfnisses noch so viel Kraft und Fähigkeit bleibt, willkürliche gewissermaßen zwecklose Handlungen zu unternehmen; so wird es uns auch äußerlich den Begriff von Schönheit geben.

Wenn ich also sage dies Tier ist schön, so würde ich mich vergebens bemühen diese Behauptung durch irgend eine Proportion von Zahl oder Maß beweisen zu wollen. Ich sage vielmehr nur so viel damit: an diesem Tiere stehen die Glieder alle in einem solchen Verhältnis, daß keins das andere an seiner Wirkung hindert, ja daß vielmehr durch ein vollkommenes Gleichgewicht derselbigen Notwendigkeit und Bedürfnis versteckt, vor meinen Augen gänzlich verborgen worden, so daß das Tier nur nach freier Willkür zu handeln und zu wirken scheint. Man erinnere sich eines Pferdes das man in Freiheit seiner Glieder gebrauchen sehen.

Rücken wir nun zu dem Menschen herauf, so finden wir ihn zuletzt von den Fesseln der Tierheit beinahe entbunden, seine Glieder in einer zarten Sub- und Koordination, und mehr als die Glieder irgend eines andern Tieres dem Wollen unterworfen, und nicht allein zu allen Arten von Verrichtungen sondern auch zum geistigen Ausdruck geschickt. Ich tue hier nur einen Blick auf die Gebärdensprache, die bei wohlerzogenen Menschen unterdrückt wird, und die nach meiner Meinung den Menschen so gut als die Wortsprache über das Tier erhebt.

Um sich auf diesem Wege den Begriff eines schönen Menschen auszubilden, müssen unzählige Verhältnisse in Betrachtung genommen werden, und es ist freilich ein großer Weg zu machen bis der hohe Begriff von Freiheit der menschlichen Vollkommenheit, auch im Sinnlichen, die Krone aufsetzen kann.

Ich muß noch eins hierbei bemerken. Wir nennen ein Tier schön, wenn es uns den Begriff gibt, daß es seine Glieder nach Willkür brauchen könne, sobald es sie wirklich nach Willkür gebraucht, wird die Idee des Schönen sogleich durch die Empfindung des Artigen, Angenehmen, Leichten, Prächtigen pp verschlungen. Man sieht also, daß bei der Schönheit *Ruhe* mit *Kraft*, *Untätigkeit* mit *Vermögen* eigentlich in Anschlag komme.

Ist bei einem Körper oder bei einem Gliede desselben der Gedanke von Kraftäußerung zu nahe mit dem Dasein verknüpft; so scheint der Genius des Schönen uns sogleich zu entfliehen, daher bildeten die Alten selbst ihre Löwen in dem höchsten Grade von Ruhe und Gleichgültigkeit, um unser Gefühl, mit dem wir Schönheit umfassen, auch hier anzulocken.

Ich möchte also wohl sagen: Schön nennen wir ein vollkommen organisiertes Wesen, wenn wir uns bei seinem Anblicke denken können, *daß ihm ein mannigfaltiger freier Gebrauch aller seiner Glieder möglich sei, sobald es wolle*, das höchste Gefühl der Schönheit ist daher mit dem Gefühl von Zutraun und Hoffnung verknüpft.

Mich sollte dünken, daß ein Versuch über die tierische und menschliche Gestalt auf diesem Wege schöne Ansichten gewähren und interessante Verhältnisse darstellen müsse.

Besonders würde, wie schon oben gedacht, der Begriff von Proportion, den wir immer nur durch Zahl und Maß auszudrücken glauben dadurch in geistigern Formeln aufgestellt werden, und es ist zu hoffen, daß diese geistigen Formeln zuletzt mit dem Verfahren der größten Künstler zusammentreffen, deren Werke uns übriggeblieben sind und zugleich die schönen Naturprodukte umschließen werden, die sich von Zeit zu Zeit lebendig bei uns sehen lassen.

Höchst interessant wird alsdann die Betrachtung sein, wie man Charaktere hervorbringen könne, ohne aus dem Kreise der Schönheit zu gehen, wie man Beschränkung und Determination aufs besondere, ohne der Freiheit zu schaden könne erscheinen lassen.

Eine solche Behandlung müßte, um sich von andern zu unterscheiden und als Vorarbeit für künftige Freunde der Natur und Kunst einen wahren Nutzen zu haben, einen anatomischen physiologischen Grund haben; allein zur Darstellung eines so mannigfaltigen und so wunderbaren Ganzen hält es sehr schwer sich die Möglichkeit der Form eines angemessenen Vortrags zu denken.

Morphologie

Ruht auf der Überzeugung, daß alles, was sei sich auch andeuten und zeigen müsse. Von den ersten physischen und chemischen Elementen an, bis zur geistigsten Äußerung des Menschen lassen wir diesen Grundsatz gelten.

Wir wenden uns gleich zu dem, was Gestalt hat. Das unorganische, das vegetative, das animale, das menschliche deutet sich alles selbst an, es erscheint als das, was es ist, unserm äußern, unserm inneren Sinn.

Die Gestalt ist ein bewegliches, ein werdendes, ein vergehendes. Gestaltenlehre ist Verwandlungslehre. Die Lehre der Metamorphose ist der Schlüssel zu allen Zeichen der Natur.

[Ordnung des Unternehmens]

I.

Das Unternehmen zu ordnen ist groß und schwer

Mit Ordnung zu wissen erfordert genauere Kenntnis der einzelnen Gegenstände

Aufmerksamkeit auf ihre Charaktere also Unterschied und Übereinstimmungen

Hiezu ist schon weit mehr als der sinnliche Blick und als das Gedächtnis nötig.

Einsicht in das Bezeichnende und Urteil hierüber.

Streben des menschlichen Geists was er behandelt zum Ganzen zu bilden.

Ungeduld des Menschen sich nicht genug vorzubereiten.

Übereilung im Abschließen

Kann nicht immer getadelt werden.

Erfahrungen der verschiedenen Zeitalter

Die früheren weniger vollständig.

Niemand, wer eine wissenschaftliche Kenntnis sich zuzueignen denkt, fühlt gleich im Anfange die Notwendigkeit voraus, daß er seine Denk- und Vorstellungsart immer werde höher spannen müssen.

Diejenigen, die sich mit den Wissenschaften beschäftigen fühlten dieses Bedürfnis nur erst nach und nach.

Heut zu Tage, da so vieles Allgemeine zur Sprache gekommen kommt der beinah nur handwerksmäßige botanische Gärtner stufenweise bis zu den schwersten Fragen, aber da er von den Standpunkten nichts weiß von wo aus sie zu beantworten wären so muß er sich entweder mit Worten bezahlen lassen oder kommt in eine Art von staunender Verwirrung.

Man tut also wohl sich gleich von Anfang auf ernsthafte Fragen und ernste Beantwortungen vorzubereiten.

Wenn man sich hierüber einigermaßen beruhigen will und eine heitere Aussicht verschaffen will, so kann man sich sagen, daß niemand eine Frage an die Natur tue, die er nicht beantworten könne, denn in der Frage liegt die Antwort, das Gefühl, daß sich über einen solchen Punkt etwas denken, etwas ahnden lasse. Freilich wird nach der verschiednen Weise der Menschen gar verschiedentlich gefragt.

Um uns in diesen verschiedenen Arten einigermaßen zu orientieren, wollen wir sie einteilen in:

Nutzende

Wissende

Anschauende und

Umfassende

1. Die Nutzenden, Nutzen-Suchenden, -Fordernden sind die ersten die das Feld der Wissenschaft gleichsam umreißen, das Praktische ergreifen; das Bewußtsein durch Erfahrung gibt ihnen Sicherheit das Bedürfnis eine gewisse Breite.

2. Die Wißbegierigen bedürfen eines ruhigen uneigennützigen Blickes einer neugierigen Unruhe eines klaren Verstands und stehn immer im Verhältnis mit jenen, sie verarbeiten auch nur im wissenschaftlichen Sinn dasjenige was sie vorfinden.

3. Die Anschauenden verhalten sich schon produktiv und das Wissen indem es sich selbst steigert fordert ohne es zu bemerken das Anschauen und geht dahin über, und so sehr sich auch die Wissenden vor der Imagination kreuzigen und segnen so müssen sie doch ehe sie sichs versehen die produktive Einbildungskraft zu Hülfe rufen.

4. Die Umfassenden die man in einem stolzern Sinne die Erschaffenden nennen könnte verhalten sich im höchsten Grade produktiv, indem sie nämlich von Ideen ausgehen sprechen sie die Einheit des

Ganzen schon aus und es ist gewissermaßen nachher die Sache der Natur, sich in diese Idee zu fügen.

Gleichnis von Wegen hergenommen

Beispiel vom Aquädukt, das Phantastische vom Idealen zu unterscheiden.

Beispiel vom dramatischen Dichter.

Hervorbringende Einbildungskraft mit möglicher Realität.

Bei allem wissenschaftlichen Bestreben muß man sich deutlich machen, daß man sich in diesen vier Regionen befinden wird. Man muß das Bewußtsein sich erhalten, in welcher man sich eben befindet.

Und die Neigung sich in einer so frei und gemütlich als in der andern zu bewegen.

Das Objektive und Subjektive des Vortrags wird also hier voraus bekannt und gesondert, wodurch man hoffen kann, wenigstens einiges Vertrauen zu erregen.

II. Genetische Behandlung

Es fällt in die Augen, daß wir uns bei unsern Vorträgen meist auf den Grenzen der zweiten und dritten Region aufhalten werden, wir werden uns mit Bewußtsein aus einer in die andere bewegen.

Gewöhnlich nehmen die Wissenden instinktartig ihre Zuflucht zu den Anschauenden ob sie auch gleich oft in theoretischen Fällen durch einen falschen teleologischen Weg sich zu den Nutzenden zurückbegeben worunter wir alle Naturforschenden zur Ehre Gottes rechnen. Ein Punkt, wo die Nähe der beiden Regionen anschaulich gemacht und genutzt werden kann ist die genetische Behandlung.

Wenn ich eine entstandne Sache vor mir sehe nach der Entstehung frage und den Gang zurück messe so weit ich ihn verfolgen kann, so werde ich eine Reihe Stufen gewahr die ich zwar nicht neben einander sehen kann sondern mir in der Erinnrung zu einem gewissen idealen Ganzen vergegenwärtigen muß.

Erst bin ich geneigt mir gewisse Stufen zu denken, weil aber die Natur keinen Sprung macht, bin ich zuletzt genötigt, mir die Folge einer ununterbrochenen Tätigkeit als ein Ganzes anzuschauen, indem ich das Einzelne aufhebe, ohne den Eindruck zu zerstören.

Teilung in gröbere Momente.

Versuch einer feinern

Versuch noch mehrerer Zwischenpunkte.

Wenn man sich die Resultate dieser Versuche denkt, so sieht man, daß zuletzt die Erfahrung aufhören, das Anschauen eines Werdenden eintreten und die Idee zuletzt ausgesprochen werden muß.

Beispiel einer Stadt als Menschenwerks.

Beispiel der Metamorphose der Insekten als Naturwerks.

Lehre von der Metamorphose der Pflanzen in ihrer ganzen Bedeutung.

III. Organische Einheit

Identität der Teile in den verschiedensten Gestalten. Eintretende wichtige Fragen

ob aus dem Samen das Vorhandene entwickelt wird?

Oder ob gegebene Anfänge gesetzmäßig fort- und umgebildet werden.

Atomistische Vorstellungsart hat eine gewisse Nähe zur gemeinen Ansicht

Zu einer gewissen Sinnesart.

Ist nicht ganz in Naturbetrachtungen zu entbehren

Aber sie ist hinderlich, wenn man ihr durchaus treu bleiben will.

Gewisse Geister können sich nicht davon los machen

Dynamische Vorstellungsart.

Ihre anfängliche Schwierigkeiten.

Ihre Vorteile in der Folge, mehrere Gegensätze der beiden.

Letztere zu unserm Vortrag einstweilen anzunehmen.

Sie muß sich durch den Gebrauch legitimieren.

Bei Betrachtung der Pflanze wird ein lebendiger Punkt angenommen, der ewig seines gleichen hervorbringt.

Und zwar tut er es bei den geringsten Pflanzen durch Wiederholung eben desselbigen.

Ferner bei den vollkommnern durch progressive Ausbildung und Umbildung des Grundorgans in immer vollkommnere und wirksamere Organe um zuletzt den höchsten Punkt organischer Tätigkeit hervorzubringen, Individuen durch Zeugung und Geburt aus dem organischen Ganzen abzusondern und abzulösen.

Höchste Ansicht organischer Einheit.

IV. Organische Entzweiung

Vorher ward die Pflanze als Einheit betrachtet.

Die empirische Einheit können wir mit Augen sehen.

Sie entsteht aus der Verbindung vieler verschiednen Teile von der größten Mannigfaltigkeit zu einem scheinbaren Individuo.

Eine einjährige vollendete Pflanze ausgerauft.

Ideale Einheit.

Wenn diese verschiednen Teile aus einem idealen Urkörper entsprungen und nach und nach in verschiedenen Stufen ausgebildet gedacht werden.

Diesen idealen Urkörper mögen wir [ihn] in unsern Gedanken so einfach konzipieren als möglich, müssen wir schon in seinem Innern entzweit denken, denn ohne vorhergedachte Entzweiung des einen läßt sich kein drittes Entstehendes denken.

Diesen idealen Urkörper, der schon eine gewisse Bestimmbarkeit zur Zweiheit bei sich trägt, lassen wir vorerst im Schöße der Natur ruhen.

Wir bemerken nur, daß sich hier die atomistische und dynamische Vorstellungsarten die Entwicklungs- und Bildungsmethoden gleich einander entgegen setzen.

Kurze Darstellung des Dualismus der Natur überhaupt.

Übergang auf die Pflanze

Sie ist obgleich an einem organischen Körper beinah physisch.

Keim der Wurzel und des Blatts

Sie sind mit einander ursprünglich vereint ja eins läßt sich nicht ohne das andere denken.

Sie sind auch einander ursprünglich entgegengesetzt.

Wir beantworten die Frage warum die Wurzelkeime sich abwärts, die Blätterkeime sich aufwärts entwickeln dadurch, daß wir sagen sie seien einander nach dem allgemeinen Naturdualism, der hier in ihnen spezifiziert ist, entgegengesetzt.

Indessen läßt sich über die nähern Bedingungen etwas sagen.

Eine Pflanze, wie jedes Naturwesen läßt sich nicht ohne umgebende Bedingungen denken.

Sie verlangt eine Base der Existenz zur Befestigung zur Hauptnahrung der Masse nach.

Sie verlangt Luft und Licht zur mannigfaltigen Entwicklung, feinere Nahrung und Ausbildung.

Wir finden die Wurzel bedürfe der Feuchtigkeit und der Finsternis, das Blatt des Lichts und der Trockne um sich zu entwickeln.

Und so sind diese Bedürfnisse von Anfang an bis zu Ende einander entgegen gesetzt.

An jedem Knoten, ja an noch viel mehrern Punkten des Pflanzenkörpers kann sich die Wurzel entwickeln wenn die Bedingungen Feuchtigkeit und Finsternis, ja nur jene gewissermaßen allein, gegenwärtig ist.

An jedem Punkte der Pflanze kann sich der Blattkeim entwickeln sobald Licht und Trockne darauf wirken.

Beispiele.

Hauptunterschied des Wurzel- und Blattkeims.

Jener bleibt immer einfach

Es ist nur eine Fortsetzung der Fortsetzung ohne Mannigfaltigkeit.

Diese entwickelt sich aufs mannigfaltigste und nähert sich stufenweise der Vollendung.

Diese befördern Licht und Trockenheit.

Feuchte und Finsternis hindern sie.

Gewisse Pflanzen besonders die rankenden welche an ihren Zweigen eine Quasiwurzel trotz Licht und Luft entwickeln haben bei einer gewissen Zähheit und Reizbarkeit viel Wäßriges in ihrer Mischung.

Wenn nun ein solches Wesen ursprünglich und anfänglich in seinem Ganzen mit einem Gegensatz gedacht wird, so werden wir in seinen Teilen auch eine solche Trennung wieder finden.

Wir werden sie wieder finden in der obern und untern Fläche des Blatts.

Im Splint der nach innen das Holz, nach außen die Rinde bildet usw. bis wir endlich den Gipfel der organischen Trennung die Scheidung in zwei Geschlechter erreichen.

Vorarbeiten zu einer Physiologie der Pflanzen

Begriffe
  Einer Physiologie
  Die Metamorphose der Pflanzen, der Grund einer Physiologie derselben.

Sie zeigt uns die Gesetze wornach die Pflanzen gebildet werden.

Sie macht uns auf ein doppeltes Gesetz aufmerksam

1. Auf das Gesetz der innern Natur, wodurch die Pflanzen konstituiert werden.

2. Auf das Gesetz der äußern Umstände wodurch die Pflanzen modifiziert werden.

Die botanische Wissenschaft macht uns die mannigfaltige Bildung der Pflanze und ihrer Teile von einer Seite bekannt und von der andern Seite sucht sie die Gesetze dieser Bildung auf.

Wenn nun die Bemühungen die große Menge der Pflanzen in ein System zu ordnen nur dann den höchsten Grad des Beifalls verdienen, wenn sie notwendig sind, die unveränderlichsten Teile von den mehr oder weniger zufälligen und veränderlichen absondern und dadurch die nächste Verwandtschaft der verschiedenen Geschlechter immer mehr und mehr ins Licht setzen: so sind die Bemühungen gewiß auch lobenswert, welche das Gesetz zu erkennen trachten, wornach jene Bildungen hervorgebracht werden und, wenn es gleich scheint, daß die menschliche Natur weder die unendliche Mannigfaltigkeit der Organisation fassen, noch das Gesetz wornach sie wirkt, deutlich begreifen kann, so ists doch schön, alle Kräfte aufzubieten und von beiden Seiten sowohl durch Erfahrung als durch Nachdenken dieses Feld zu erweitern.

Wir haben gesehen, daß sich die Pflanzen auf verschiedene Art fortpflanzen welche Arten als Modifikationen einer einzigen Art [anzusehen] sind. Die Fortpflanzung wie die Fortsetzung welche durch die Entwicklung eines Organs aus dem andern geschieht hat uns hauptsächlich in der Metamorphose beschäftigt. Wir haben gesehen, daß diese Organe welche selbst von äußerer Gleichheit bis zur größten Unähnlichkeit sich verändern innerlich eine virtuelle Gleichheit haben, und für den Verstand

Wir haben gesehen, daß diese sprossende Fortsetzung bei den vollkommenen Pflanzen nicht ins Unendliche fortgehen kann, sondern daß sie stufenweis zum Gipfel führt und gleichsam am entgegengesetzten Ende seiner Kraft eine andere Art der Fortpflanzung durch Samen hervorbringt. Wir finden den Hauptunterschied von der Fortsetzung durch Fortpflanzung von der durch Samen darin, daß an jenem die Triebe

Allgemeines Schema zur ganzen Abhandlung der Morphologie

1. Einleitung, worin die Absicht vorgelegt und das Feld bestimmt wird.

2. Von den einfachsten Organisationen und ihrer Entstehung an einander ohne Progression der Glieder an der Gestalt.

3. Von den einfachsten Organisationen und ihrer Entstehung aus einander, ohne Progression der Glieder der Gestalt.

4. Betrachtung über die beiden vorhergehenden untersten Stufen der Pflanzen und Tierwelt; Übergang auf die Gemmen.

5. Metamorphose der Pflanzen die vollkommnern stehen höher in der Gestalt als die unvollkommnern Tiere. Ausbildung bis zu den zwei Geschlechtern. Absonderung der Keime nur durch zwei Geschlechter möglich. Observations sur les Plantes et leur analogie avec les Insectes (par Bazin) Straßb. 1741

6. Über die Würmer, welche keine Verwandlung leiden, sie stehen auch in der Gestalt unter den Pflanzen. Hermaphroditische Würmer. Aufsteigen derselben bis zur folgenden Abteilung.

7. Würmer, welche sich verwandeln. Hier ist eine große bedeutende Stufe der Natur.

8. Fische und ihre Gestalt, wie sie mit dem Wurm der sich nicht verwandelt, zusammenhängen.

9. Amphibien und ihre Verwandlung zum Beispiel der Frösche aus einer fischartigen Gestalt. Schlangen und ihre Häutungen und was sonst auf die Metamorphose deuten mag.

Überhaupt Verfolgung aller dieser Geschöpfe von der ersten Entwicklung aus den Eiern.

10. Von dem Typus der vollkommnern Geschöpfe im allgemeinen und wie er sich auf die Begriffe bezieht, die wir früher aufgestellt haben.

[Betrachtung über Morphologie]

Bezeichnung und Absonderung des Feldes, worin gearbeitet wird.
Phänomen der organischen Struktur.

Phänomen der einfachsten die eine bloße Aggregation der Teile zu sein scheint, oft aber eben so gut durch Evolution oder Epigenese zu erklären wäre.

Steigerung dieses Phänomens und Vereinigung dieser Struktur zur tierischen Einheit.

Form.

Notwendigkeit, alle Vorstellungsarten zusammen zu nehmen, keinesweges die Dinge und ihr Wesen zu ergründen sondern von dem Phänomene nur einigermaßen Rechenschaft zu geben und dasjenige was man erkannt und gesehen hat andern mitzuteilen.

Diejenigen Körper, welche wir organisch nennen haben die Eigenschaft an sich oder aus sich ihres gleichen hervorzubringen.

Dieses gehört mit zum Begriff eines organischen Wesens, und wir können davon weiter keine Rechenschaft geben.

Das Neue, Gleiche ist anfangs immer ein Teil desselbigen und kommt in diesem Sinne aus ihm hervor. Dieses begünstigt die Idee von Evolution; das Neue kann sich aber nicht aus dem Alten entwickeln, ohne daß das Alte durch eine gewisse Aufnahme äußerer Nahrung zu einer Art von Vollkommenheit gelangt sei. Dieses begünstigt den Begriff der Epigenese, beide Vorstellungsarten sind aber roh und grob gegen die Zartheit des unergründlichen Gegenstandes. An einem lebendigen Gegenstand fällt uns zuerst seine Form im ganzen in die Augen, dann die Teile dieser Form, ihre Gestalt und Verbindung.

Mit der Form im allgemeinen und mit dem Verhältnis und der Verbindung der Teile, in so fern sie äußerlich sichtbar sind, beschäftigt sich die Naturgeschichte, in so fern sie sich dem Auge aber erst darlegen, wenn die Gestalt getrennt ist, nennen wir diese Bemühung die Zergliederungskunst; sie geht nicht allein auf die Gestalt der Teile sondern auch auf die Struktur derselben im Innern und ruft alsdann wie billig das Vergrößerungsglas zu Hülfe.

Wenn dann so auf diese Weise der organische Körper mehr oder weniger zerstört worden ist, so daß seine Form aufgehoben ist und seine Teile als Materie betrachtet werden können, dann tritt früher oder später die Chemie ein und gibt uns neue und schöne Aufschlüsse über die letzten Teile und ihre Mischung.

Wenn wir nun aus allen diesen einzeln beobachteten Phänomenen dieses zerstörte Geschöpf wieder palingenesieren und es wieder lebendig in seinem gesunden Zustande betrachten, so nennen wir dieses unsere physiologischen Bemühungen.

Da nun die Physiologie diejenige Operation des Geistes ist, da wir aus Lebendigem und Totem, aus Bekanntem und Unbekanntem, durch Anschauen und Schlüsse, aus Vollständigem und Unvollständigem ein Ganzes zusammensetzen wollen, das sichtbar und unsichtbar zugleich ist, dessen Außenseite uns nur als ein Ganzes, dessen Inneres uns nur als ein Teil und dessen Äußerungen und Wirkungen uns immer geheimnisvoll bleiben müssen; so läßt sich leicht einsehen warum die Physiologie so lange zurückbleiben mußte, und warum sie vielleicht ewig zurückbleibt, weil der Mensch seine Beschränkung immer fühlt und sie selten anerkennen will.

Die Anatomie hat sich auf einen solchen Grad der Genauigkeit und Bestimmtheit erhoben, daß ihre deutliche Kenntnis schon für sich eine Art von Physiologie ausmacht.

Die Körper werden bewegt in so fern sie eine Länge, Breite und Schwere haben, Druck und Stoß auf sie wirkt, und sie auf eine oder die andere Weise von der Stelle gebracht werden können. Deshalb haben Männer, welchen diese Naturgesetze gegenwärtig und bekannt waren, sie nicht ohne Nutzen auf den organischen Körper und seine Bewegungen angewandt.

So hat auch die Chemie die Veränderung der kleinsten Teile so wie ihre Zusammensetzung genau beobachtet, und ihre letzte wichtige Tätigkeit und Feinheit gibt ihr mehr als jemals ein Recht ihre Ansprüche zu Enthüllung organischer Naturen geltend zu machen.

Aus allem diesem, wenn man auch das Übrige was ich hier übergehe, nicht in Betracht zieht, sieht man leicht ein, daß man Ursache hat alle Gemütskräfte aufzubieten, wenn wir im ganzen nach Einsicht dieser Verborgenheiten streben, daß man Ursache hat alle innere und äußere Werkzeuge zu brauchen und alle Vorteile zu benutzen, wenn wir an diese immer unendliche Arbeit uns heranwagen. Selbst eine gewisse Einseitigkeit ist dem Ganzen nicht schädlich, es halte immer ein jeder seinen eignen Weg für den besten wenn er ihn nur recht ebnet und aufräumt so daß die Folgenden bequemer und schneller denselben zurücklegen.

Rekapitulation der verschiedenen Wissenschaften.

a Kenntnis der organischen Naturen nach ihrem Habitus und nach dem Unterschied ihrer Gestaltsverhältnisse. *Naturgeschichte.*

b Kenntnis der materiellen Naturen überhaupt als Kräfte und in ihren Ortsverhältnissen. *Naturlehre.*

c Kenntnis der organischen Naturen nach ihren innern und äußern Teilen, ohne aufs lebendige Ganze Rücksicht zu nehmen. *Anatomie.*

d Kenntnis der Teile eines organischen Körpers in so fern er aufhört organisch zu sein, oder in so fern seine Organisation nur als Stoffhervorbringend und als Stoffzusammengesetzt, angesehen wird. *Chemie.*

e Betrachtung des Ganzen in so fern es lebt und diesem Leben eine besondere physische Kraft untergelegt wird. *Zoonomie.*

f Betrachtung des Ganzen in so fern es lebt und wirkt und diesem Leben eine geistige Kraft untergelegt wird. *Physiologie.*

g Betrachtung der Gestalt sowohl in ihren Teilen als im ganzen, ihren Übereinstimmungen und Abweichungen ohne alle andere Rücksichten. *Morphologie.*

h Betrachtung des organischen Ganzen durch Vergegenwärtigung aller dieser Rücksichten und Verknüpfung derselben durch die Kraft des Geistes.

Betrachtung einer Morphologie überhaupt

Die Morphologie kann als eine Lehre für sich und als eine Hülfswissenschaft der Physiologie angesehen werden. Sie ruht im ganzen auf der Naturgeschichte, aus der sie die Phänomene zu ihrem Behufe herausnimmt. Ingleichen auf der Anatomie aller organischen Körper und besonders der Zootomie.

Da sie nur darstellen und nicht erklären will, so nimmt sie von den übrigen Hülfswissenschaften der Physiologie so wenig als möglich in sich auf, ob sie gleich die Kraft- und Ortsverhältnisse des Physikers [sowohl] als die Stoff- und Mischungsverhältnisse des Chemikers nicht außer Augen läßt, sie wird durch ihre Beschränkung eigentlich nur zur besondern Lehre, sieht sich überall als Dienerin der Physiologie und mit den übrigen Hülfswissenschaften koordiniert an.

Indem wir in der Morphologie eine neue Wissenschaft aufzustellen gedenken, zwar nicht dem Gegenstande nach, denn derselbe ist bekannt, sondern der Ansicht und der Methode nach welche sowohl der Lehre selbst eine eigne Gestalt geben muß als ihr auch gegen andere Wissenschaften ihren Platz anzuweisen hat, so wollen wir zuvörderst erst dieses letzte darlegen und ihr Verhältnis zu den übrigen verwandten Wissenschaften zeigen, sodann ihren Inhalt und die Art ihrer Darstellung vorlegen.

Die Morphologie soll die Lehre von der Gestalt der Bildung und Umbildung der organischen Körper enthalten sie gehört daher zu den Naturwissenschaften, deren besondere Zwecke wir nunmehr durchgehen.

Die Naturgeschichte nimmt die mannigfaltige Gestalt der organischen Wesen als ein bekanntes Phänomen an. Es kann ihr nicht entgehen, daß diese große Mannigfaltigkeit dennoch eine gewisse Übereinstimmung teils im allgemeinen, teils im besondern zeigt, sie führt nicht nur die ihr bekannten Körper vor, sondern sie ordnet sie bald in Gruppen bald in Reihen nach den Gestalten, die man sieht nach den Eigenschaften, die man aufsucht und erkennt, und macht es dadurch möglich die ungeheure Masse zu übersehen; ihre Arbeit ist doppelt teils immer neue Gegenstände aufzufinden, teils die Gegenstände immer mehr der Natur und [den] Eigenschaften gemäß zu ordnen und alle Willkür, in so fern es möglich wäre, zu verbannen.

Indem nun also die Naturgeschichte sich an die äußere Erscheinung der Gestalten hält, und sie im ganzen betrachtet, so dringt die Anatomie auf die Kenntnis der innern Struktur, auf die Zergliederung des menschlichen Körpers als des würdigsten Gegenstandes und desjenigen, der so mancher Beihülfe bedarf, die ohne genaue Einsicht in seine Organisation ihm nicht geleistet werden kann. In der Anatomie der übrigen organisierten Geschöpfe ist vieles geschehen, es liegt aber so zerstreut, ist meist so unvollständig und manchmal auch falsch beobachtet, daß für den Naturforscher die Masse beinah unbrauchbar ist und bleibt.

Die Erfahrung, die uns Naturgeschichte und Anatomie geben, teils zu erweitern und zu verfolgen, teils zusammen zu fassen und zu benutzen, hat man teils fremde Wissenschaften angewandt, verwandte herbei gezogen, auch eigne Gesichtspunkte festgestellt, immer um das

Bedürfnis einer allgemeinen physiologischen Übersicht auszufüllen, und man hat dadurch, ob man gleich nach menschlicher Weise gewöhnlich zu einseitig verfahren ist und verfährt, dennoch den Physiologen der künftigen Zeit trefflich vorgearbeitet.

Von dem Physiker im strengsten Sinne hat die Lehre der organischen Natur nur die allgemeinen Verhältnisse der Kräfte und ihrer Stellung und Lage in dem gegebenen Weltraum nehmen können. Die Anwendung mechanischer Prinzipien auf organische Naturen hat uns auf die Vollkommenheit der lebendigen Wesen nur desto aufmerksamer gemacht, und man dürfte beinah sagen, daß die organischen Naturen nur desto vollkommner werden, je weniger die mechanischen Prinzipien bei denselben anwendbar sind.

Dem Chemiker, der Gestalt und Struktur aufhebt und bloß auf die Eigenschaften der Stoffe und auf die Verhältnisse ihrer Mischungen acht hat, ist man auch in diesem Fache viel schuldig und man wird ihm noch mehr schuldig werden, da die neueren Entdeckungen die feinsten Trennungen und Verbindungen erlauben, und man also auch den unendlich zarten Arbeiten eines lebendigen organischen Körpers sich dadurch zu nähern hoffen kann. Wie wir nun schon durch genaue Beobachtung der Struktur eine anatomische Physiologie erhalten haben, so können wir mit der Zeit auch eine physisch-chemische uns versprechen, und es ist zu wünschen, daß beide Wissenschaften immer so fortschreiten mögen als wenn jede allein das ganze Geschäft vollenden wollte.

Da sie beide aber nur trennend sind und die chemischen Zusammensetzungen eigentlich nur auf Trennungen beruhen, so ist es natürlich, daß diese Art sich organische Körper bekannt zu machen und vorzustellen, nicht allen Menschen genug tut deren manche die Tendenz haben von einer Einheit auszugehen, aus ihr die Teile zu entwickeln und die Teile darauf wieder unmittelbar zurück zu führen. Hierzu gibt uns die Natur organischer Körper den schönsten Anlaß: denn da die vollkommensten derselben uns als eine von allen übrigen Wesen getrennte Einheit erscheinet, da wir uns selbst einer solchen Einheit bewußt sind, da wir den vollkommensten Zustand der Gesundheit nur dadurch gewahr werden, daß wir die Teile unseres Ganzen nicht, sondern nur das Ganze empfinden, da alles dieses nur existieren kann in so fern die Naturen organisiert sind, und sie nur durch den Zustand, den wir das Leben nennen, organisiert und in Tätigkeit erhalten werden können: so war nichts natürlicher, als daß man eine Zoonomie aufzustellen versuchte und denen Gesetzen wornach eine organische Natur zu leben bestimmt ist nachzuforschen trachtete; mit völliger Befugnis legte man diesem Leben, um des Vortrags willen, eine Kraft unter; man konnte, ja man mußte sie annehmen, weil das Leben in seiner Einheit sich als Kraft äußert die in keinem der Teile besonders enthalten ist.

Wir können eine organische Natur nicht lange als Einheit betrachten, wir können uns selbst nicht lange als Einheit denken, so finden wir uns zu zwei Ansichten genötigt und wir betrachten uns einmal als ein Wesen das in die Sinne fällt, ein andermal als ein anderes das nur durch den innern Sinn erkannt oder durch seine Wirkungen bemerkt werden kann.

Die Zoonomie zerfällt daher in zwei nicht leicht von einander zu trennende Teile, nämlich in die körperliche und in die geistige. Beide können zwar nicht von einander getrennt werden, aber der Bearbeiter dieses Faches kann von der einen oder der andern Seite ausgehen und so einer [oder] der andern das Übergewicht verschaffen.

Nicht aber allein diese Wissenschaften, wie sie hier aufgezählt worden sind, verlangen nur ihren Mann allein, sondern sogar einzelne Teile derselben nehmen die Lebenszeit des Menschen hin, eine noch größere Schwierigkeit entsteht daher, daß diese sämtliche Wissenschaften beinah nur von Ärzten getrieben werden, die denn sehr bald durch die Ausübung, so sehr sie ihnen auch von einer Seite zu Ausbildung der Erfahrung zu Hülfe kömmt, doch immer von weiterer Ausbreitung abgehalten werden.

Man sieht daher wohl ein, daß demjenigen, der als Physiolog alle diese Betrachtungen zusammenfassen soll, noch viel vorgearbeitet werden muß, wenn derselbe künftig alle diese Betrachtungen in eins fassen und, in so fern es dem menschlichen Geist erlaubt ist, dem großen Gegenstande gemäß erkennen soll. Hierzu gehört zweckmäßige Tätigkeit von allen Seiten, woran es weder gefehlt hat noch fehlt, und bei der jeder schneller und sicherer fahren würde, wenn er zwar von Einer Seite aber nicht einseitig arbeitete und die Verdienste aller übrigen Mitarbeiter mit Freudigkeit anerkennte, anstatt wie es gewöhnlich geschieht, seine Vorstellungsart an die Spitze zu setzen.

Nachdem wir nun also die verschiedenen Wissenschaften, die dem Physiologen in die Hand arbeiten, aufgeführt und ihre Verhältnisse dargestellt haben, so wird es nunmehr Zeit sein, daß sich die Morphologie als eine besondere Wissenschaft legitimierte.

So nimmt [man] sie auch; und sie muß sich als eine besondere Wissenschaft erst legitimieren, indem sie das, was bei andern gelegentlich und zufällig abgehandelt ist, zu ihrem Hauptgegenstande macht, indem sie das, was dort zerstreut ist, sammelt, und einen neuen Standort feststellt, woraus die natürlichen Dinge sich mit Leichtigkeit und Bequemlichkeit betrachten lassen. Sie hat den großen Vorteil, daß sie aus Elementen besteht, die allgemein anerkannt sind, daß sie mit keiner Lehre im Widerstreite steht, daß sie nichts wegzuräumen braucht um sich Platz zu verschaffen, daß die Phänomene, mit denen sie sich beschäftigt höchst bedeutend sind, und daß die Operationen des Geistes, wodurch sie die Phänomene zusammenstellt, der menschlichen Natur angemessen und angenehm sind, so daß auch ein fehlgeschlagener Versuch darin selbst noch Nutzen und Anmut verbinden könnte.

Zu Optik und Farbenlehre

Ankündigung eines Werks über die Farben vom Herrn Geheimen Rat von Goethe

Es ist meinen Freunden und einem Teil des Publici nicht unbekannt, daß ich seit mehrern Jahren verschiedene Teile der Naturwissenschaft mit anhaltender Liebhaberei studiere, und ich habe deswegen manchen freundlichen Vorwurf erdulden müssen, daß ich aus dem Felde der Dichtkunst, wohin uns so gern jedermann folgt, in ein anderes hinüber gehe, in das uns nur wenige begleiten mögen.

Durch den kleinen Versuch, die *Metamorphose der Pflanzen* zu erklären, haben sich diese Beschwerden eher vermehrt, als vermindert; denn indem ich mit demselben Kennern der Botanik von meinen Bemühungen Rechenschaft geben wollte, so mußte diese Schrift bloßen Liebhabern beinahe unlesbar werden.

Ich wage es gegenwärtig, das Publikum auf eine andre Arbeit aufmerksam zu machen, davon ich ihm einen Teil in kurzem vorzulegen gedenke. Sie beschäftigt sich mit den Farben, besonders denjenigen, welche man reine, *ursprüngliche Farben* nennen darf, die wir an völlig ungefärbten Körpern oder durch das Mittel ungefärbter Körper gewahr werden, wie die Farben sind, welche uns das Prisma, die Linse, die Wassertropfen und Dünste zeigen.

Ich werde zuerst das *Prisma* vornehmen und die Eigenschaften dieses interessanten Instruments näher untersuchen. Es ist bekannt, daß auf der Wirkung desselben die angenommene Farbentheorie beruht, und es verdient in mehrern Rücksichten allgemeiner bekannt zu sein, als es ist.

In der Jugend reizen uns wenigstens einige Zeit die Erscheinungen des Prisma; wir bewundern die Farben, die dadurch an allen Gegenständen sichtbar werden, und wir mögen bei reifern Jahren dieses Instrument, so oft wir wollen, vor die Augen nehmen, so entzückt uns der Glanz der Phänomene, die wir dadurch gewahr werden. Allein dieses Vergnügen dauert nicht lange; das Schauspiel ist prächtig, aber regellos, und wir legen bald, ohne darüber viel gedacht zu haben, mit geblendeten Augen das Glas aus den Händen.

Ein anderer Teil von Erfahrungen, die damit gemacht werden können, erfordert einen größern Apparat, welchen anzuschaffen und zu benutzen nur wenige Beruf und Gelegenheit haben.

Ich konnte mir in diesen Rücksichten den Wunsch nicht versagen, eine Anzahl Erfahrungen, an denen ich großes Vergnügen fand und die mir und andern merkwürdig genug schienen, bekannt zu machen. Ich denke sie in einer gewissen Ordnung vorzutragen, so daß eine durch die andere gewissermaßen erklärt werde.

Wäre es meine Absicht, nur für Kenner zu schreiben, so würde es hinreichend sein, die Versuche in einer Reihe aufzustellen und die theoretische Ausführung und Anwendung einem jeden zu überlassen; da ich aber allgemeiner zu interessieren wünsche, und man nicht leicht eine Folge von Versuchen vortragen kann, ohne daß der Verstand und die Einbildungskraft des Zuschauers und Zuhörers auch ihren Teil an der Unterhaltung verlangen, so werde ich der Notwendigkeit nicht ausweichen können, durch Theorie und Hypothese die vorzutragenden Erfahrungen einigermaßen zu verbinden; ja man würde mir verzeihen, wenn ich mich genötigt sehen sollte, von jenem System einigermaßen abzuweichen, das ungeachtet aller Widersprüche, die es erdulden mußte, sich noch immer im ausschließlichen Ansehen erhalten hat.

Ich werde suchen, mich der möglichsten Deutlichkeit zu befleißigen; eben so wird gesorgt werden, daß jedermann die vorgetragenen Versuche leicht und bequem anstellen könne. Zu der kleinen Schrift, welche Michael erscheint, werden die Tafeln nicht geheftet, sondern einzeln, in einem Paket, in der Form von Spielkarten ausgegeben werden. Ein Prisma von hellem Glase wird hinreichend sein, die angezeigten Erfahrungen außerhalb der dunkeln Kammer ohne weitern Apparat zu wiederholen.

Ich hoffe, das schöne Geschlecht, dessen Auge jedes Verhältnis der Farben so fein beurteilt, Künstler, welche den größten Teil ihres Lebens auf Betrachtung und Nachahmung der reizenden Harmonie wenden, welche über die ganze sichtbare Natur ausgebreitet ist, werden Anteil an meinen Bemühungen nehmen. Ich glaube, Lehrern der Jugend ein Mittel zu angenehmer Unterhaltung ihrer Zöglinge in die Hände zu geben und wünsche Liebhabern und Kennern der Naturlehre einigermaßen neu zu sein.

Weimar, den 28. August 1791.

Goethe

Der Versuch als Vermittler von Objekt und Subjekt

Sobald der Mensch die Gegenstände um sich her gewahr wird, betrachtet er sie in Bezug auf sich selbst, und mit Recht. Denn es hängt sein ganzes Schicksal davon ab, ob sie ihm gefallen oder mißfallen, ob sie ihn anziehen oder abstoßen, ob sie ihm nutzen oder schaden. Diese ganz natürliche Art, die Sachen anzusehen und zu beurteilen scheint so leicht zu sein als sie notwendig ist, und doch ist der Mensch dabei tausend Irrtümern ausgesetzt, die ihn oft beschämen und ihm das Leben verbittern.

Ein weit schwereres Tagewerk übernehmen diejenigen, die durch den Trieb nach Kenntnis angefeuert die Gegenstände der Natur an sich selbst und in ihren Verhältnissen unter einander zu beobachten streben, [denn] Von einer Seite verlieren sie den Maßstab der ihnen zu Hülfe kam, wenn sie als Menschen die Dinge in Bezug auf sich betrachteten. Eben den Maßstab des Gefallens und Mißfallens, des Anziehens und Abstoßens, des Nutzens und Schadens, diesem sollen sie ganz entsagen, sie sollen als gleichgültige und gleichsam göttliche Wesen suchen und untersuchen was ist und nicht was behagt. So soll den echten Botaniker weder die Schönheit noch die Nutzbarkeit einer Pflanze rühren; er soll ihre Bildung, ihre Verwandtschaft mit dem übrigen Pflanzenreiche untersuchen; und wie sie alle von der Sonne hervorgelockt und beschienen werden, so soll er mit einem gleichen ruhigen Blicke sie alle ansehen und übersehen, und den Maßstab zu dieser Erkenntnis, die Data der Beurteilung nicht aus sich, sondern aus dem Kreise der Dinge nehmen die er beobachtet.

Wie schwer diese Entäußerung dem Menschen sei lehrt uns die Geschichte der Wissenschaften. Wie er auf diese Art zu Hypothesen, Theorien, Systemen und was es sonst für Vorstellungsarten geben mag, wodurch wir das Unendliche zu begreifen suchen, gerät und geraten muß, wird uns in der zweiten Abteilung dieses kleinen Aufsatzes beschäftigen. Den ersten Teil desselben widme ich der Betrachtung, wie der Mensch verfährt, wenn er die Kräfte der Natur zu erkennen sich bestrebt. Die Geschichte der Physik, die ich gegenwärtig genauer zu studieren Ursache habe, gibt mir oft Gelegenheit hier über zu denken, und so entspringt dieser kleine Aufsatz, in dem ich mir im allgemeinen zu vergegenwärtigen strebe, auf welche Weise vorzügliche Männer der Naturlehre genutzt und geschadet haben. Sobald wir einen Gegenstand in Beziehung auf sich selbst und in Verhältnis mit andern betrachten und denselben nicht unmittelbar entweder begehren oder verabscheuen: so werden wir mit einer ruhigen Aufmerksamkeit uns bald von ihm, seinen Teilen, seinen Verhältnissen einen ziemlich deutlichen Begriff machen können. Je weiter wir diese Betrachtungen fortsetzen, je mehr wir Gegenstände unter einander verknüpfen, destomehr üben wir die Beobachtungsgabe die in uns ist. Wissen wir in Handlungen diese Erkenntnisse auf uns zu beziehen, so verdienen wir klug genannt zu werden. Für einen jeden wohl organisierten Menschen, der entweder von Natur mäßig ist, oder durch die Umstände mäßig eingeschränkt wird, ist die Klugheit keine schwere Sache: denn das Leben weist uns bei jedem Schritte zurecht. Allein wenn der Beobachter eben diese scharfe Urteilskraft zur Prüfung geheimer Naturverhältnisse anwenden, wenn er in einer Welt in der er gleichsam allein ist, auf seine eigenen Tritte und Schritte acht geben, sich vor jeder Übereilung hüten, seinen Zweck stets im Auge haben soll, ohne doch selbst auf dem Wege irgend einen nützlichen oder schädlichen Beistand unbemerkt vorbei zu lassen, wenn er auch da, wo er von niemand so leicht kontrolliert werden kann, sein eigner strengster Beobachter sein und bei seinen eifrigsten Bemühungen immer gegen sich selbst mißtrauisch sein soll: so sieht wohl jeder wie streng diese Forderungen sind und wie wenig man hoffen kann sie ganz erfüllt zu sehen, man mag sie nun an andere oder an sich machen. Doch müssen uns diese Schwierigkeiten, ja man darf wohl sagen diese hypothetische Unmöglichkeit nicht abhalten das Möglichste zu tun, und wir werden wenigstens am weitesten kommen, wenn wir uns die Mittel im Allgemeinen zu vergegenwärtigen suchen, wodurch vorzügliche Menschen die Wissenschaften zu erweitern gewußt haben, wenn wir die Abwege genau bezeichnen, auf welchen sie sich verirrt, und auf welchen ihnen manchmal Jahrhunderte eine große Anzahl von Schülern gefolgt bis spätere Erfahrungen erst wieder den Beobachter auf den rechten Weg eingeleitet.

Daß die Erfahrung, wie in allem was der Mensch unternimmt so auch in der Naturlehre, von der ich gegenwärtig vorzüglich spreche, den größten Einfluß habe und haben solle, wird niemand leugnen, so wenig man den Seelenkräften, in welchen diese Erfahrungen aufgefaßt, zusammengenommen, geordnet und ausgebildet werden, ihre hohe und gleichsam schöpferisch unabhängige Kraft nicht absprechen wird. Allein wie diese Erfahrungen zu machen und wie sie zu nutzen, wie unsere Kräfte auszubilden und zu brauchen, das kann weder so allgemein bekannt noch anerkannt sein.

Sobald scharfsinnige Menschen, und deren gibt es in einem mäßigen Gebrauche des Wortes viel mehr als man denkt, auf Gegenstände aufmerksam gemacht werden: so findet man sie zu Beobachtungen so geneigt als geschickt. Ich habe dieses oft bemerken können, seitdem ich die Lehre des Lichts und der Farben mit Eifer behandele und wie es zu geschehen pflegt, mich auch mit Personen, denen solche Betrachtungen sonst fremd sind, von dem, was mich eben so sehr interessiert, unterhalte. Sobald ihre Aufmerksamkeit nur rege war, bemerkten sie Phänomene, die ich teils nicht gekannt, teils übersehen hatte, und berichtigten dadurch gar oft eine zu voreilig gefaßte Idee, ja gaben mir Anlaß schnellere Schritte zu tun und aus der Einschränkung heraus zu treten, in welcher uns eine mühsame Untersuchung oft gefangen halt.

Es gilt also auch hier was bei so vielen andern menschlichen Unternehmungen gilt, daß das Interesse mehrerer auf Einen Punkt gerichtet etwas Vorzügliches hervor zu bringen im Stande ist. Hier wird es offenbar, daß der Neid, welcher andere so gern von der Ehre einer Entdeckung ausschließen möchte, daß die unmäßige Begierde etwas Entdecktes nur nach seiner Art zu behandeln und auszuarbeiten dem Forscher selbst das größte Hindernis sind.

Ich habe mich bisher bei der Methode mit Mehreren zu arbeiten zu wohl befunden, als daß ich nicht solche fortsetzen sollte. Ich weiß genau, wem ich dieses und jenes auf meinem Wege schuldig geworden und es soll mir eine Freude sein, es künftig öffentlich bekannt zu machen.

Sind uns nun bloß natürliche aufmerksame Menschen so viel zu nützen im Stande, wie allgemeiner muß der Nutzen sein, wenn unterrichtete Menschen einander in die Hände arbeiten. Schon ist eine Wissenschaft an und vor sich selbst eine so große Masse, daß sie viele Menschen trägt, wenn sie gleich kein Mensch tragen kann. Es läßt sich bemerken, daß die Kenntnisse gleichsam wie ein eingeschlossenes aber lebendiges Wasser, sich nach und nach zu einem gewissen Niveau erheben, daß die schönsten Entdeckungen nicht sowohl durch die Menschen als durch die Zeit gemacht worden wie denn eben sehr

wichtige Dinge zu gleicher Zeit von zweien oder wohl gar mehr geüb-
tem Denkern gemacht worden. Wenn also wir in jenem ersten Fall der
Gesellschaft und den Freunden so vieles schuldig werden, so werden
wir es in diesem der Welt und dem Jahrhundert, und wir können in
beiden Fällen nicht genug anerkennen, wie nötig Mitteilung, Beihülfe,
Erinnerung und Widerspruch sei, um uns auf dem rechten Wege zu
erhalten und vorwärts zu bringen.

Man hat daher in wissenschaftlichen Dingen gerade umgekehrt zu
verfahren, wie man es von Kunstwerken zu tun hat, denn ein Künstler tut wohl, sein Kunstwerk nicht öffentlich sehen zu lassen, bis er es
vollendet hat, weil nicht leicht jemand raten noch Beistand tun kann;
ist es hingegen vollendet, so hat er alsdenn den Tadel oder das Lob zu
überlegen und zu beherzigen, solches mit seiner Erfahrung zu vereinigen und sich dadurch zu einem neuen Werke auszubilden und vorzubereiten. In wissenschaftlichen Dingen hingegen ist es schon nützlich,
jede einzelne Erfahrung, wider Vermutung öffentlich mitzuteilen, ja es
ist höchst rätlich, ein wissenschaftliches Gebäude nicht eher aufzuführen, bis der Plan dazu und die Materialien allgemein bekannt, beurteilt
und ausgewählt sind.

Ich wende mich nun zu einem Punkte, der alle Aufmerksamkeit
verdient, und zwar zu der Methode wie man am vorteilhaftesten und
sichersten zu Werke geht.

Wenn wir die Erfahrungen welche vor uns gemacht worden, die wir
selbst oder andere zu gleicher Zeit mit uns machen, vorsätzlich wiederholen und die Phänomene die teils zufällig teils künstlich entstanden sind, wieder darstellen, so nennen wir dieses einen Versuch.

Der Wert eines Versuchs besteht vorzüglich darinne, daß er, er sei
nun einfach oder zusammen gesetzt, unter gewissen Bedingungen
mit einem bekannten Apparat und mit erforderlicher Geschicklich-
keit jederzeit wieder hervorgebracht werden könne, so oft sich die
bedingten Umstände vereinigen lassen. Wir bewundern mit Recht
den menschlichen Verstand, wenn wir auch nur obenhin die Kombi-
nationen ansehen, die er zu diesem Endzwecke gemacht hat, und die
Maschinen betrachten die dazu erfunden worden sind und man darf
wohl sagen täglich erfunden werden. So schätzbar aber auch ein jeder Versuch einzeln betrachtet sein mag, so erhält er doch nur seinen
Wert durch Vereinigung und Verbindung mit andern. Aber eben zwei
Versuche die mit einander einige Ähnlichkeit haben zu vereinigen und

zu verbinden, gehört mehr Strenge und Aufmerksamkeit, als selbst scharfe Beobachter oft von sich gefordert haben. Es können zwei Phänomene mit einander verwandt sein, aber doch noch lange nicht so nah als wir glauben. Zwei Versuche können scheinen auseinander zu folgen, wenn zwischen ihnen noch eine große Reihe stehen sollte, um sie in eine recht natürliche Verbindung zu bringen.

Man kann sich daher nicht genug in acht nehmen, daß man aus Versuchen nicht zu geschwind folgere, daß man aus Versuchen nicht unmittelbar etwas beweisen, noch irgendeine Theorie durch Versuche bestätigen wolle: denn hier an diesem Passe, beim Übergang von der Erfahrung zum Urteil, von der Erkenntnis zur Anwendung ist es, wo dem Menschen alle seine inneren Feinde auflauren, Einbildungskraft, die ihn schon da mit ihren Fittigen in die Höhe hebt, wenn er noch immer den Erdboden zu berühren glaubt, Ungeduld, Vorschnelligkeit, Selbstzufriedenheit, Steifheit, Gedankenform, vorgefaßte Meinung, Bequemlichkeit, Leichtsinn, Veränderlichkeit, und wie die ganze Schar mit ihrem Gefolge heißen mag, alle liegen hier im Hinterhalte und überwältigen unversehens den handelnden so auch den stillen von allen Leidenschaften gesichert scheinenden Beobachter.

Ich möchte zur Warnung dieser Gefahr welche größer und näher ist als man denkt, hier eine Art von Paradoxon aufstellen, um eine lebhaftere Aufmerksamkeit zu erregen. Ich wage nämlich zu behaupten: daß Ein Versuch, ja mehrere Versuche in Verbindung nichts beweisen, ja daß nichts gefährlicher sei als irgend einen Satz unmittelbar durch Versuche beweisen zu wollen, und daß die größten Irrtümer eben dadurch entstanden sind, daß man die Gefahr und die Unzulänglichkeit dieser Methode nicht eingesehen. Ich muß mich deutlicher erklären, um nicht in den Verdacht zu geraten, als wollte ich dem Zweifel Tür und Tor eröffnen. Eine jede Erfahrung die wir machen, ein jeder Versuch, durch den wir sie wiederholen ist eigentlich ein isolierter Teil unserer Erkenntnis, durch öftere Wiederholung bringen wir diese isolierte Kenntnis zur Gewißheit. Es können uns zwei Erfahrungen in demselben Fache bekannt werden, sie können nahe verwandt sein aber noch näher verwandt scheinen, und gewöhnlich sind wir geneigt sie für näher verwandt zu halten als sie sind. Es ist dieses der Natur des Menschen gemäß, die Geschichte des menschlichen Verstandes zeigt uns tausend Beispiele und ich habe an mir selbst bemerkt, daß ich diesen Fehler fast täglich begehe. Es ist dieser Fehler mit einem andern nahe verwandt, aus dem er auch meistenteils entspringt. Der Mensch erfreut sich nämlich mehr an der Vorstellung als an der Sache, oder wir müssen vielmehr sagen: der Mensch erfreut sich nur einer Sache, in so fern er sich dieselbe vorstellt, sie muß in seine Sinnesart passen, und er mag seine Vorstellungsart noch so hoch über die gemeine erheben, noch so sehr reinigen, so bleibt sie doch gewöhnlich nur eine Vorstellungsart; das heißt, ein Versuch viele Gegenstände in ein gewisses faßliches Verhältnis zu bringen, das sie, streng genommen, unter einander nicht haben, daher die Neigung zu Hypothesen, zu Theorien, Terminologien und Systemen, die wir nicht mißbilligen können, weil sie aus der Organisation unsers Wesens notwendig entspringen müssen.

Wenn von einer Seite eine jede Erfahrung, ein jeder Versuch ihrer Natur nach als isoliert anzusehen sind, von der andern Seite die Kraft des menschlichen Geistes alles was außer ihr ist und was ihr bekannt wird mit einer Ungeheuern Gewalt zu verbinden strebt, so sieht man die Gefahr leicht ein, welche man läuft, wenn man mit einer gefaßten Idee eine einzelne Erfahrung verbinden oder irgend ein Verhältnis, das nicht ganz sinnlich ist, das aber die bildende Kraft des Geistes schon ausgesprochen hat, durch einzelne Versuche beweisen wollen.

Es entstehen durch eine solche Bemühung meistenteils Theorien und Systeme, die dem Scharfsinn der Verfasser Ehre machen, die aber, wenn sie mehr als billig ist Beifall finden, wenn sie sich länger als recht ist erhalten, dem Fortschritte des menschlichen Geistes, den sie im gewissen Sinne befördern sogleich wieder hemmen und schädlich werden.

Man wird bemerken können, daß ein guter Kopf nur destomehr Kunst anwendet, je weniger Data vor ihm liegen, daß er gleichsam seine Herrschaft zu zeigen, selbst aus den vorliegenden Datis nur wenige Günstlinge herauswählt die ihm schmeicheln, daß er die übrigen so zu ordnen weiß, daß sie ihm nicht geradezu widersprechen und daß er die feindseligen zuletzt so zu verwickeln, zu umspinnen und bei Seite zu bringen weiß, daß wirklich nunmehr das Ganze nicht mehr einer freiwirkenden Republik sondern einem despotischen Hofe ähnlich wird.

Einem Mann der so viel Verdienst hat kann es an Bewunderern und Schülern nicht fehlen, die ein solches Gewebe historisch kennen lernen und bewundern und, in so fern es möglich ist, sich die Vorstellungsart ihres Meisters eigen machen. Oft gewinnt eine solche Lehre dergestalt die Überhand, daß man für frech und verwegen gehalten würde, wenn man an ihr zu zweifeln sich erkühnte. Nur spätere Jahrhunderte würden sich an ein solches Heiligtum wagen, den Gegenstand einer Betrachtung dem gemeinen Menschensinn wieder vindizieren, und die Sache etwas leichter nehmen, und von dem Stifter einer Sekte das wiederholen, was ein witziger Kopf von einem großen Naturlehrer gesagt: er wäre ein großer Mann gewesen, wenn er nicht so viel erfunden hätte.

Es möchte aber nicht genug sein, die Gefahr anzuzeigen und vor derselbigen zu warnen. Es ist billig, daß man wenigstens seine Meinung eröffne und zu erkennen gebe, wie man selbst einen solchen Abweg zu vermeiden glaubt, oder ob man gefunden, wie ihn ein anderer vor uns vermieden habe.

Ich habe vorhin gesagt, daß ich die *unmittelbare* Anwendung eines Versuchs zum Beweis irgend einer Hypothese für schädlich halte, und habe dadurch zu erkennen gegeben, daß ich eine *mittelbare* Anwendung derselben für nützlich halte, und da auf diesen Punkt alles ankommt, so ist es nötig sich deutlich zu erklären.

In der lebendigen Natur geschieht nichts, was nicht in einer Verbindung mit dem Ganzen stehe, und wenn uns die Erfahrungen nur isoliert *erscheinen*, wenn wir die Versuche nur als isolierte Fakta anzusehen haben, so wird dadurch nicht gesagt, daß sie isoliert *seien*, es ist nur die Frage: wie finden wir die Verbindung dieser Phänomene dieser Begebenheit?

Wir haben oben gesehen, daß diejenigen am ersten dem Irrtume unterworfen waren, welche ein isoliertes Faktum mit ihrer Denk- und Urteilskraft unmittelbar zu verbinden suchten. Dagegen werden wir finden, daß diejenigen am meisten geleistet haben, welche nicht ablassen alle Seiten und Modifikationen einer einzigen Erfahrung eines einzigen Versuches nach aller Möglichkeit durchzuforschen und durchzuarbeiten.

Es verdient künftig eine eigene Betrachtung, wie uns auf diesem Wege der Verstand zu Hülfe kommen könne. Hier sei nur soviel davon gesagt, da alles in der Natur, besonders aber die gemeinern Kräfte und Elemente in einer ewigen Wirkung und Gegenwirkung sind, so kann man von einem jeden Phänomene sagen, daß es mit unzähligen andern in Verbindung stehe, wie wir von einem frei schwebenden leuchtenden Punkte sagen, daß er seine Strahlen auf allen Seiten aussendet. Haben wir also einen solchen Versuch gefaßt, eine solche Erfahrung gemacht, so können wir nicht sorgfältig genug untersuchen, was *unmittelbar* an ihn grenzt, was zunächst aus ihm folgt, dieses ists, worauf wir mehr zu sehen haben, als was sich auf ihn *bezieht*. Die *Vermannigfaltigung eines jeden einzelnen Versuches* ist also die eigentliche Pflicht eines Naturforschers. Er hat gerade die umgekehrte Pflicht eines Schriftstellers, der unterhalten will. Dieser wird Langeweile erregen, wenn er nichts zu denken übrig läßt, jener muß rastlos arbeiten, als wenn er seinen Nachfolgern nichts zu tun übrig lassen wollte, wenn ihn gleich die Disproportion unseres Verstandes zu der Natur der Dinge zeitig genug erinnern wird, daß kein Mensch Fähigkeiten genug habe in irgend einer Sache abzuschließen.

Ich habe in den zwei ersten Stücken meiner optischen Beiträge eine solche Reihe von Versuchen aufzustellen gesucht, die zunächst an einander grenzen und sich unmittelbar berühren, ja, wenn man sie alle genau kennt und übersieht, gleichsam nur *Einen* Versuch ausmachen, nur *Eine* Erfahrung unter den mannigfaltigsten Ansichten darstellen.

Eine solche Erfahrung, die aus mehreren andern besteht, ist offenbar von einer *höhern* Art. Sie stellt die Formel vor unter welcher unzählige einzelne Rechnungsexempel ausgedruckt werden. Auf solche Erfahrungen der höheren Art los zu arbeiten halt' ich für die Pflicht des Naturforschers, und dahin weist uns das Exempel der vorzüglichsten Männer, die in diesem Fache gearbeitet haben und die Bedächtlichkeit nur das Nächste ans Nächste zu reihen, oder vielmehr das Nächste aus dem Nächsten zu folgern, haben wir von den Mathematikern zu lernen, selbst da, wo wir uns an keine Rechnung wagen, müssen wir immer so zu Werke gehen, als wenn wir dem strengsten Geometer Rechenschaft zu geben schuldig wären.

Denn eigentlich ist es die mathematische Methode welche wegen ihrer Bedächtlichkeit und Reinheit gleich jeden Sprung in der Assertion offenbart und ihre Beweise sind eigentlich nur umständliche Ausführungen, daß dasjenige, was in Verbindung vorgebracht wird, schon in seinen einfachen Teilen und in seiner ganzen Folge dagewesen in seinem ganzen Umfange übersehen und unter allen Bedingungen richtig und unumstößlich erfunden worden. Und so sind ihre Demonstrationen immer mehr *Darlegungen, Rekapitulationen* als *Argumente*. Da ich diesen Unterschied hier mache, so sei es mir erlaubt einen Rückblick zu tun.

Man sieht den großen Unterschied zwischen einer mathematischen Demonstration welche die ersten Elemente durch so viele Verbindungen durchführt, und zwischen dem Beweis, den ein kluger Redner aus Argumenten führen könnte. Argumente können ganz isolierte Verhältnisse enthalten, und dennoch durch Witz und Einbildungskraft auf *Einen* Punkt zusammen geführt und der Schein eines Rechts oder Unrechts, eines Wahren oder Falschen überraschend genug hervorgebracht werden. Eben so kann man zu Gunsten einer Hypothese oder Theorie die einzelnen Versuche gleich Argumenten zusammen stellen und einen Beweis führen der mehr oder weniger blendet.

Wem es dagegen zu tun ist mit sich selbst und andern redlich zu Werke zu gehen, der wird durch die sorgfältigste Ausbildung einzelner Versuche die Erfahrungen der höheren Art auszubilden suchen. Diese lassen sich durch kurze und faßliche Sätze aussprechen, neben einander stellen und je mehr ihrer ausgebildet werden, können sie geordnet und in ein solches Verhältnis gebracht werden, daß sie so gut als mathematische Sätze entweder einzeln oder zusammengenommen unerschütterlich stehen. Die *Elemente* dieser Erfahrungen der höheren Art, welches viele einzelne Versuche sind, können alsdann von jedem untersucht und geprüft werden und es ist nicht schwer zu beurteilen, ob die vielen einzelnen Teile durch einen allgemeinen Satz ausgesprochen werden können, denn hier findet keine Willkür statt.

Bei der andern Methode aber, wo wir irgend etwas, was wir behaupten, durch *isolierte Versuche* gleichsam als durch *Argumente* beweisen wollen, wird das Urteil öfters nur *erschlichen*, wenn es nicht gar in Zweifel stehen bleibt. Hat man aber eine Reihe Erfahrungen der höheren Art zusammengebracht, so übe sich alsdann der Verstand, die Einbildungskraft, der Witz an denselben wie er nur mag. Dieses wird nicht schädlich, ja es wird nützlich sein. Jene erste Arbeit kann nicht sorgfältig, emsig, streng, ja pedantisch genug vorgenommen werden; denn sie wird für Welt und Nachwelt unternommen. Aber diese Materialien müssen in Reihen geordnet und niedergelegt sein, nicht auf eine hypothetische Weise zusammengestellt, nicht zu einer systematischen Form verwendet. Es steht alsdann einem jeden frei sie nach seiner Art zu verbinden und ein Ganzes daraus zu bilden, das der menschlichen Vorstellungsart überhaupt mehr oder weniger bequem und angenehm sei. Auf diese Weise wird unterschieden, was zu unterscheiden ist, und man kann die Sammlung von Erfahrungen viel schneller und reiner vermehren, als wenn man die späteren Versuche, wie Steine die nach einem geendigten Bau herbeigeschafft werden, unbenutzt bei Seite legen muß.

Die Meinung der vorzüglichsten Männer und ihr Beispiel läßt mich hoffen, daß ich auf dem rechten Wege sei und ich wünsche, daß mit dieser Erklärung meine Freunde zufrieden sein mögen, die mich manchmal fragen: was denn eigentlich bei meinen optischen Bemühungen meine Absicht sei? Meine Absicht ist alle Erfahrungen in diesem Fache zu sammlen, alle Versuche selbst anzustellen und sie durch ihre größte Mannigfaltigkeit durchzuführen, wodurch sie denn auch leicht nachzumachen und nicht aus dem Gesichtskreise so vieler Menschen hinausgerückt seien. Sodann die Sätze, in welchen sich die Erfahrungen von der höheren Gattung aussprechen lassen, aufzustellen und abzuwarten, in wie fern sich auch diese unter ein höheres Prinzip rangieren. Sollte indes die Einbildungskraft und der Witz ungeduldig manchmal voraus eilen, so gibt die Verfahrungsart selbst den Maßstab des Punktes an, wohin sie wieder zurück zu kehren haben.

D. 28. Apr. 1792.

[Reine Begriffe]

Es ist offenbar, daß eine jede Entdeckung irgendeines Mittels, dessen sich die Natur bedient, um ein Resultat hervorzubringen, die Wissenschaften mehr vorwärts bringt, als die Bemühung, ein Resultat mit unserer Vorstellung zu verbinden.

Zwar ist dieses ein sehr feiner Punkt, und ich werde mich in der Folge bemühen, auch darüber meine Gedanken so deutlich als möglich darzulegen.

Denn da die einfacheren Kräfte der Natur sich oft unsern Sinnen verbergen, so müssen wir sie freilich durch die Kräfte unseres Geistes zu erreichen suchen und ihre Natur in uns darstellen, da wir sie außer uns nicht erblicken können. Und wenn wir dabei recht rein zu Werke gehen, so können wir zuletzt wohl sagen, daß, so wie unser Auge mit den sichtbaren Gegenständen, unsre Ohren mit den schwingenden Bewegungen erschütterter Körper völlig harmonisch gebaut sind, daß auch unser Geist mit den tiefer liegenden einfachern Kräften der Natur in Harmonie steht und sich solche ebenso rein vorstellen kann, als in einem klaren Auge sich die Gegenstände der sichtbaren Welt abbilden.

Von den Hindernissen, die sich uns in den Weg stellen, diese reinen Begriffe zu erlangen oder sie zu erhalten, sei ein andermal die Rede. Jetzt glaube ich Dank zu verdienen, wenn ich eine schöne zugunsten der menschlichen Vorstellungsart die natürlichen Wissenschaften beschreibende Stelle hier anführe und damit schließe.

[»Es ist wahr: die Bewegung, welche ein äußerer Körper den Sinnen mitteilet, wird bis ins Gehirn fortgepflanzt; allein diese Bewegung selbst, diese Schwingungen des Schalls, diese Brechung der Lichtstrahlen, sind das nicht, was sich die Seele vorstellt; ihr Begriff ist etwas von dieser Bewegung ganz Verschiedenes. *Es ist durch ein Wechselgesetz vom Schöpfer so veranstaltet worden: daß mit gewissen Veränderungen, die zuerst im Nerven und nach diesem in dem allgemeinen Wohnort der Empfindungen (sensorium commune) entstanden waren, auch zugleich neue und bestimmte Gedanken in der Seele entstehen sollten, und dieses Band, wodurch er solches erhielte, sollte beständig sein.* Nun steht es zwar in unserer Willkür, was wir uns von der Welt vorstellen wollen? Die Vorstellung selbst aber kann nicht falsch sein, weil wir bei ähnlichen Nervenberührungen auch dieselben Gedanken erhalten; und weil, unter denselben Umständen, sowohl zu derselben, als zu verschiedenen Zeiten, in allen Menschen eben dergleichen Begriffe erzeugt werden.«

Albrecht von Haller.]

[Geplante Versuche]

Die Versuche, wo das Auge offenbar ohne Mittel Farbenerscheinungen sieht, wären sorgfältig zu wiederholen, zu analysieren und in eine gewisse Ordnung zu bringen. Man müßte sie so oft drehen und wenden als möglich, auch weil sie subjektiv sind, müßte man sie von mehreren Personen sehen lassen.

Erster Versuch. Fig. I

Wenn das Auge durch das Loch im Kartenblatt sieht. Ich habe diesen Versuch nur von oben herunter gemacht; man müßte [ihn] nun auch horizontal und auf andere Weise wiederholen.

Zweiter Versuch. Fig. 2

Durch das Rohr ohne Gläser zu sehen

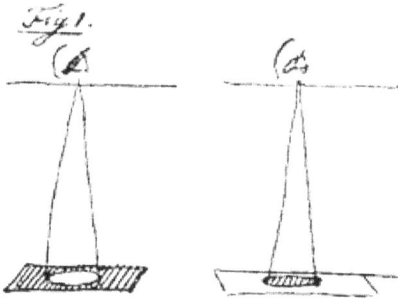

Da die Farben bei diesem Versuche umgekehrt erscheinen, so ist es wahrscheinlich, daß die Entfernung der Querbalken oder der Öffnung vom Auge etwas beiträgt. Es wäre daher dieser Versuch in verschiedenen Entfernungen zu wiederholen und mehrere Augen in gleichen Entfernungen zu Rate zu ziehen.

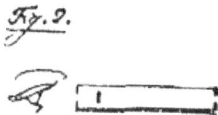

Dritter Versuch. Fig. 3

Das durch das obere Augenlid zugedeckte Auge siehet nach entgegengesetzten Rändern, gleichfalls das unterwärts zugedeckte Auge Fig. 4.

Vierter Versuch. Fig. 5

Vor das grad hinschauende Auge werden Ränder von oben herunter oder von unten hinauf geschoben.

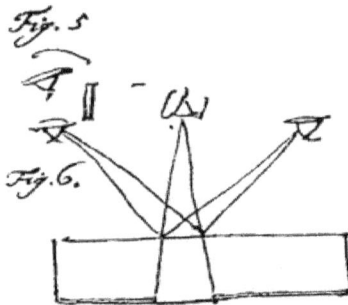

Fünfter Versuch. Fig. 6

NB. Der Versuch 1 wäre unter Wasser zu wiederholen und nach Fig. 6 zu berichtigen. Der Versuch 2 sowie die übrigen mit den Versuchen der Inflexion, wo gleichfalls kein Medium ist, zu vergleichen. Haupt-Subjektiver Versuch.

Sechster Versuch. Fig. 7

Durch die kleine Öffnung der Camera obscura das umgekehrte Bild äußerer Gegenstände durch eine Spiegelfläche a b aufzufangen und die Deutlichkeit des Bildes auch ohne Linse zu beobachten.

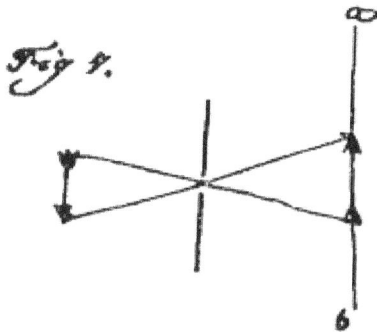

Fig. 7.

Versuch Sieben. Fig. 8

Das auf eben die Weise in die Camera obscura auffallende Bild durch ein Linsenglas auf ein weiß Papier fallen zu lassen und die erscheinenden Farbenränder so genau als möglich zu beobachten. Sie haben mir immer geringer geschienen als durch ein gewöhnlich Perspektiv, bei welchem mir sehr viel von der Farbenerscheinung in den Okularen zu liegen scheint; indem diese so sehr nahe an dem Auge sich befinden.

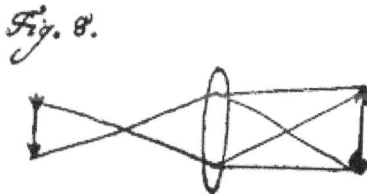

Fig. 8.

Achter Versuch. Fig. 9 et 10

Die farbenaufhebende Kraft der verschiedenen Glasarten gegeneinander ohne viele Umstände durch Verbindung des objektiven und subjektiven Versuchs auszufinden.

Dieser Punkt ist sorgfältig auszuarbeiten und genau zu beschreiben, auch müssen die folgenden und noch andere vorhergehen.

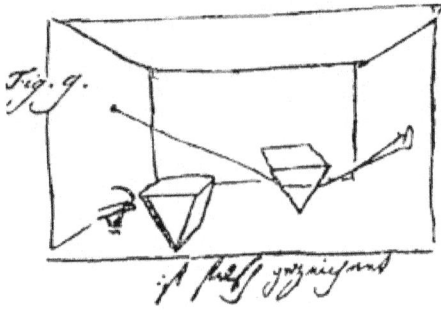

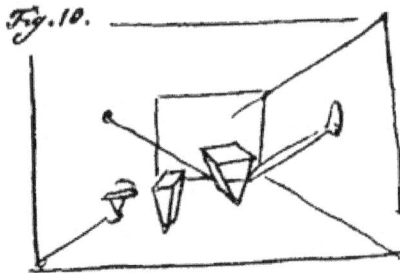

Neunter Versuch. Fig. 11

Ein umgekehrtes Prisma in einem prismatischen Gefäße.

Man müßte das innre mit Bleizucker-Wasser füllen und den Winkel suchen, den es haben müßte.

Die Strahlen werden durch beide gebrochen, jedoch die Farbenerscheinung aufgehoben. Man kann bei diesen wie bei den vorhergehenden annehmen, daß die beiden Mittel gleiche Brechungskraft haben.

Zehnter Versuch. Fig. 12

Eigentlich der erste von diesen dreien ist umständlich und sorgfältig mit der Lehre von der Brechung zu verbinden. Vide die große Zeichnung.

Elfter Versuch. Fig. 13

Mit allem, was in den zwei ersten Stücken meiner optischen Beiträge enthalten ist, muß sogleich hierauf folgen. Eigentlich liegt der Grund von allem diesen in der Ausarbeitung der Fig. 6.

Zwölfter Versuch. Fig. 14

Zwei verschieden Farb hervorbringende Mittel in gleichen Massen aneinander gebracht und den Lichtstrahl durchfallen lassen.

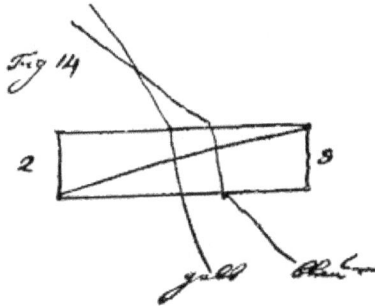

Dreizehnter Versuch. Fig. 15

Derselbe Versuch, nur das stärkere Mittel oben.

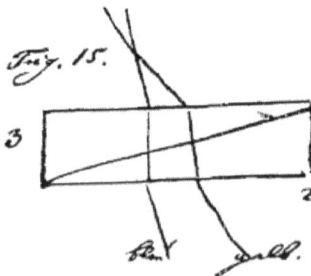

Vierzehnter Versuch. Fig. 16

Derselbe Versuch, nur die verschiedenen Mittel in Gleichheit gesetzt.

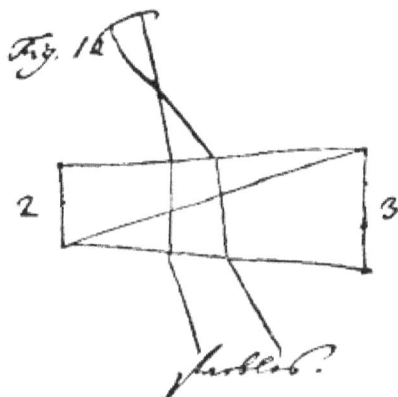

Fünfzehnter Versuch. Fig. 17

Derselbe Versuch, nur das schwächere Mittel oben.

NB. Bei allen diesen Versuchen ist angenommen, daß die beiden Mittel gleiche refrangierende Kraft haben, welches ein möglicher Fall ist, und hier die Zeichnung den Hauptbegriff erleichtert.

Als höchst merkwürdig bei diesen Versuchen ist zu beobachten, ob nicht auch das Lichtfeld, wie aus der Zeichnung zu vermuten, bei Fig. 15 und 16 farblos und doch *verbreitert* sei.

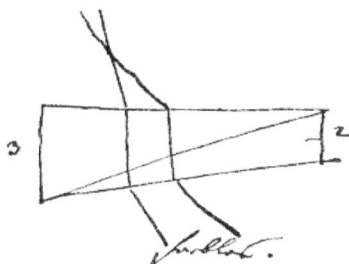

Sechzehnter Versuch. Fig. 18

Das prismatische Farbenbild durch die Linse fallen zu lassen und zu zeigen, daß dadurch die entgegengesetzten Ränder geschieden und an den Rand geworfen, keineswegs aber vermischt werden.

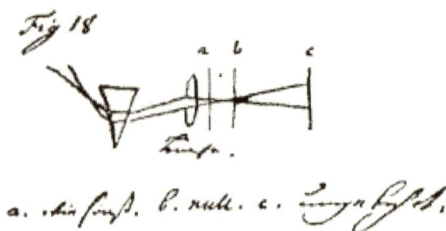

Siebzehnter Versuch. Fig. 19

Ein ander Bild durch die Linse auf das weiße Papier zu werfen und den Effekt mit dem Farbenbilde zu vergleichen. Es wird auch auseinandergerissen, an die Ränder geworfen und umgekehrt.

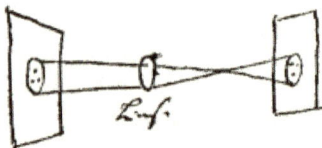

Achtzehnter Versuch

Fazettierte Stahlknöpfe, ob sie ins Sonnenlicht gehalten farbige Bilder reflektieren und was für.

Neunzehnter Versuch

Durch angelaufne Fensterscheiben die schwarz und weiß angestrich-
ne Scheibe zu betrachten.

Zwanzigster Versuch

Newtons fünften Versuch zu wiederholen. NB. mit keilförmigen
Prismen.

Von den farbigen Schatten

Es erscheinen uns die Schatten, welche die Sonne bei Tag oder eine Flamme bei Nacht hinter undurchsichtigen Körpern verursacht, gewöhnlich schwarz oder grau, allein sie werden unter gewissen Bedingungen farbig, und zwar nehmen sie verschiedene Farben an. Diese Bedingungen zu erforschen, habe ich viele Versuche angestellt, wovon ich gegenwärtig die merkwürdigsten vortrage, mit der Hoffnung, daß sie einander selbst erklären und uns den Ursachen und Gesetzen dieser schönen und sonderbaren Erscheinungen näher führen werden.

Die Erfahrung, daß morgens und abends bei einem gewissen Grade der Dämmerung der Schatten eines Körpers von einer Kerze auf einem weißen Papier hervorgebracht und von dem schwachen Tageslicht beschienen blau aussieht, ist wohl vielen bekannt, doch wünsche ich, daß man solche sogleich wiederholen möge. Wie ich denn diejenigen, die gedachtes Phänomen nicht gesehen, ersuche, sich mit demselben bekannt zu machen.

Es kann solches sehr leicht bei der Morgen- und Abenddämmerung geschehen, wenn man nur den Schatten irgendeines Körpers mittelst eines Kerzenlichtes dergestalt auf ein weiß Papier wirft, daß das zum Fenster hereinfallende schwache Tageslicht das Papier einigermaßen beleuchte. Je mehr das Himmelslicht abnimmt, desto dunkelblauer wird der Schatten und wird zuletzt, wie jeder andre Kerzenschatten bei Nacht, schwarz oder schwarzgrau.

Da man nun den Himmel blau zu sehen gewohnt ist, da man der Atmosphäre eine gewisse die blauen Strahlen absondernde und reflektierende Qualität zuschreibt, so leitet man die blaue Schattenerscheinung gewöhnlich von einem Widerschein des blauen Himmels oder von einer Wirkung der geheimen Eigenschaft der Atmosphäre her.

Um gegen diese Erklärung einigen Zweifel zu erregen, stelle man folgenden Versuch an: An einem grauen Tage, wenn der ganze Himmel keine Spur von Blau zeigt, mache man ein Zimmer durch vorgezogene weiße Vorhänge düster, man entferne sich so weit von den Fenstern, daß auch kein Licht von den grauen Wolken unmittelbar auf das Papier fallen könne, man beobachte das Zimmer selbst, worin man sich befindet, und entferne aus demselben alles, was nur einigermaßen blau ist, man beobachte alsdann die gegen das Fenster gekehrten Schatten, welche eine Kerze auf das weiße Papier wirft, und man wird sie noch ebenso schön blau als gewöhnlich finden, vorausgesetzt, daß das gedämpfte Tageslicht mit dem Kerzenlichte in einer gewissen Proportion stehe, welche man durch Vor- und Zurückrücken der Fläche leicht entdeckt. Unter diesen Umständen wird uns die Einwirkung einer Atmosphäre, die sich im Zimmer nicht denken läßt, und ihrer blaufärbenden Qualität unbegreiflich bleiben. Auch sieht man nichts vor noch neben sich, woher ein blauer Reflex entstehen könne.

Hat man sich geübt, diese blauen Schatten unter mehreren Umständen hervorzubringen und zu beobachten, so wird man eine andere Erscheinung leicht bemerken, die mit dieser verwandt, ja gewöhnlich verbunden ist. Sobald nämlich das Tageslicht Stärke genug hat, daß es gleichfalls den Schatten eines Körpers auf ein weißes Papier werfen kann, so wird dieser Schatten, wenn er vom Kerzenlichte beleuchtet wird, gelb oder auch gelbrot, ja fast gelbbraun werden, und wird jenem blauen Schatten gegenüberstehen.

Man nehme zum Beispiel ein starkes Bleistift und stelle es dergestalt zwischen Fenster und Kerzenlicht auf ein weißes Papier, daß die Schatten von beiden Seiten sichtbar werden, so wird man die gelben und blauen entgegengesetzten Schatten deutlich sehen. Nur ist folgendes dabei zu bemerken: das zum Fenster hereinfallende Tageslicht hat eine große Breite und macht also Doppelschatten, dahingegen das Kerzenlicht einen bestimmten und deswegen sichtbareren Schatten hervorbringt. Auch wird man das Auge ruhig auf beide Schatten richten und bald die beiden Farben rein und deutlich erkennen.

Sind wir nun vorher gegen die Einwirkung der Atmosphäre auf die blauen Schatten einigermaßen mißtrauisch geworden, so werden wir doch hier den gelben Schatten leichter aus einem Widerschein des Lichts zu erklären denken, da wirklich der gelbe Schatten mit der Farbe der Lichtflamme ziemlich übereinkommt, und wir können erst nach mannigfaltigen Versuchen eines andern Sinnes werden.

Soviel gleichsam als Einleitung; wobei ich wünsche, daß meine Leser, ehe sie weiter gehen, selbst diese Erfahrungen anstellen, wozu die Mittel einem jeden gleich zur Hand sind. Der Augenschein wird ihnen den Gegenstand gewiß interessant machen, mit dem wir uns beschäftigen, und man wird nachstehenden Versuchen und ihrer Be-

schreibung, die sich auf beiliegende Figuren bezieht, desto eher folgen können, wenn man auch gleich den nötigen Apparat nicht bei der
Hand haben sollte, sie sogleich selbst anzustellen.

Erster Versuch. Erste Figur

Es stehe in einer verfinsterten Kammer eine Kerze in [a] und scheine
an der Kante des Körpers [c] vorbei, so wird auf der weißen Fläche
[ef] ein schwarzer oder schwarzgrauer Schatten [eg] entstehen, der
übrige Raum [gf] wird von dem Lichte beleuchtet hell sein. Man eröffne einen Fensterladen, so daß ein gemäßigtes Tageslicht von [b] he-
rein und an der Kante des Körpers [d] vorbeifalle, so wird ein Schatten [hf] entstehen und das Tageslicht wird den übrigen Raum [eh]
beleuchten.

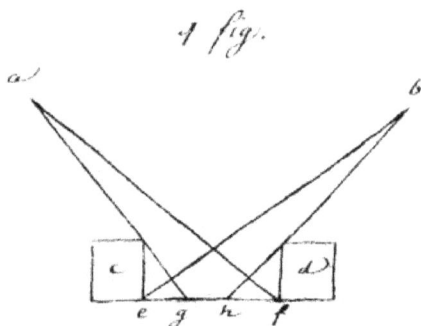

Zugleich wird der Schatten [eg] blau, der Schatten [hf] gelb erscheinen und der von beiden Lichtern beleuchtete Raum [gh] hell bleiben
und die natürliche Farbe des Papiers ohne großen Unterschied da-
selbst erscheinen.[1]

Zweiter Versuch. Zweite Figur

Es stehe in [a] eine weiße Mauer, welche das Sonnenlicht nach einer
gegenüber errichteten dunklen Kammer hinaufwirft und bringe auf

---

1   Von diesem Unterschiede siehe unten.

einem hinter der Öffnung gehaltnen Papier den Schatten [eg] hervor; der heitere Himmel in [b] mache auf ebendemselben Papier den Schatten [hf], so wird der durch den Widerschein der Mauer verursachte, vom Himmelslicht beschienene Schatten blau, der entgegengesetzte gelb sein, wie das innerhalb der dunklen Kammer hinter dem Papier befindliche Auge an den Rändern deutlich erkennen wird.

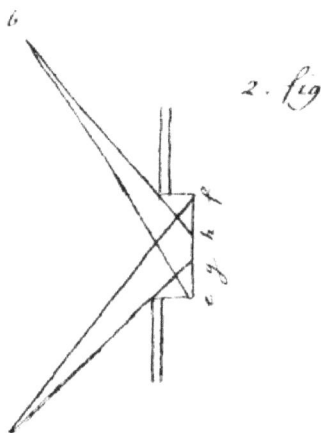

Dritter Versuch. Zweite Figur

Eben dieses Phänomen wird sich zeigen, wenn die untergehende Sonne sich in [a] befindet. Der Schatten [eg] ist lange blau, ehe in [hf] ein Schatten erscheinen kann. Ist die Luft voll Dünste, so wird schon einige Zeit vor Sonnenuntergang das Sonnenlicht dergestalt geschwächt und das Licht der Atmosphäre so mächtig, daß letzteres den Schatten [hf] hervorbringen kann, welcher sogleich gelb erscheint. Bei heiterem Himmel konnte ich aber dieses Phänomen nur dann erst gewahr werden, wenn die halbe Scheibe der Sonne schon unter dem Horizonte war.

Vierter Versuch.

Man lege bei Sonnenschein und heiterm Himmel eine weiße Fläche horizontal auf den Boden und irgendeinen Körper darauf, so wird der Schatten durch den Einfluß des atmosphärischen Lichtes blau erscheinen, der Himmel mag selbst blau oder mit weißlichen Dünsten überzogen sein; vielmehr werden in dem letzten Falle, weil die Energie der Sonne gemäßigter, das Licht des Himmels stärker wirkt, die Schatten hellblauer erscheinen. Daß der entgegengesetzte gelbe Schatten in diesem Falle nicht existieren kann, versteht sich von selbst.

Fünfter Versuch.

Man lasse an einem heitern Tage, wenn der Himmel rein blau ist, den Widerschein desselben durch eine sechs Zoll weite Öffnung in eine dunkle Kammer fallen und bringe durch Zwischenstellung eines Körpers auf einer weißen horizontalen Fläche einen Schatten hervor, so wird er grau sein; man nähere demselben ein Kerzenlicht und er wird nach und nach gelb werden, so wie der durch das Kerzenlicht nach der Öffnung zu geworfene Schatten blau erscheinen wird.

Alle diese Versuche lassen uns noch einigermaßen in Ungewißheit, ob nicht hier sich irgendeine Reflexion eines blauen oder gelben Gegenstandes mit einmische? Wir werden daher, um einzusehen, wie es sich damit verhalte, unsre Versuche vermannigfaltigen.

Sechster Versuch. Erste Figur

Es befinde sich eine Kerze in [a] und das Mondlicht scheine von [b] her, so wird der Schatten [hf], den das Mondlicht wirft und der vom Kerzenlichte beschienen wird, gelb erscheinen, der Schatten [eg] aber, den die Kerze wirft und das Mondlicht bescheint, blau sein. Wir werden hier auf den Gedanken geführt: daß kein Widerschein eines gefärbten Körpers, kein gefärbtes Licht auf die Schatten zu wirken brauche, um ihnen eine Farbe mitzuteilen. Denn der Mond, dem man einen gelblichen Schein nicht absprechen kann, bringt hier gleichfalls einen reinen blauen Schatten hervor. Ich bitte jeden aufmerksamen Freund der Natur, beim klaren Vollmond diesen leichtanzustellenden Versuch nicht zu verabsäumen.

Siebenter Versuch. Dritte Figur

Es komme von [a] der Widerschein des Sonnenlichts von einer Mauer wie bei dem zweiten Versuche; man bringe aber den Apparat innerhalb der dunklen Kammer an und setze in [b] ein brennendes Licht, so wird der Schatten [eg] gelb und der Schatten [hf] blau erscheinen. Es zeigt uns also der Widerschein von der Mauer, der vorher beim zweiten Versuch dem Tageslicht entgegengesetzt stärker war, nunmehr, da er gegen das Kerzenlicht der schwächere wird, gerade die entgegengesetzte Wirkung als vorher, macht den Schatten, den er beleuchtet, blau, ungeachtet die Mauer wie vorher einen gelblichen Schein von sich wirft.

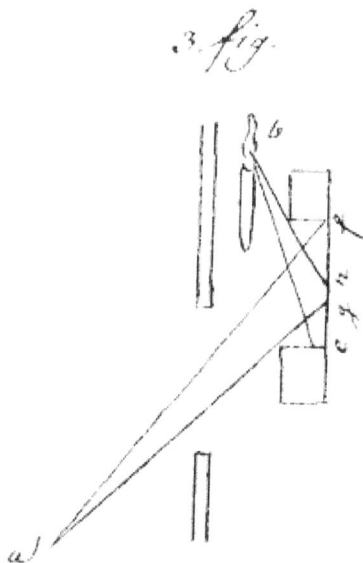

Wir kommen also durch diesen Versuch um soviel weiter, indem wir sehen, daß es hier nicht auf die Farbe des Lichts, sondern auf Energie desselben ankomme; wir erfahren, daß diese Energie umgewendet, sogleich subordiniert und eine entgegengesetzte Wirkung hervorzubringen determiniert werden kann. So haben wir bisher das Kerzenlicht immer triumphierend gesehen, es gibt aber auch Mittel, es zu subordinieren.

Achter Versuch. Erste Figur

Man setze in [a] eine Glutpfanne mit heftig brennenden Kohlen, man rücke eine brennende Kerze [b] so lange hin und wider, bis die beiderseitigen Schatten sichtbar sind, so wird der Schatten [hf] gelbrot, der Schatten [eg] blau sein, ob er gleich von einer brennenden Kerze beleuchtet wird. Wir können nunmehr wagen, folgende Resultate zur Prüfung aufzustellen.

1. Der Schatten, den ein einziges, starkes, von keinem andern Lichte oder Widerschein balanciertes Licht hervorbringt, ist schwarz. In einer wohlbehängten dunklen Kammer läßt sich diese Erfahrung mit dem Sonn- und Kerzenlicht am sichersten anstellen. Die schwärzesten, reinsten Schatten, die ich kenne, sind die: wenn man durch das Vorderglas des Sonnenmikroskops auf einer weißen Fläche Schattenbilder hervorbringt.

2. Selten wird man einen Schatten so isolieren können, daß nicht irgendein reflektiertes Licht auf ihn wirke; einen solchen Schatten, auf den ein mehr oder weniger starkes benachbartes Licht einigen Einfluß hat, halten wir gewöhnlich für grau. Da wir aber erfahren haben, daß unter solchen Umständen die Schatten farbig werden, so fragt sich, in welchem Grade die beiden Lichtenergien voneinander unterschieden sein müssen, um diese Wirkung hervorzubringen. Der Analogie der Naturgesetze nach scheint, wie bei allen entgegengesetzten Wirkungen, kein Grad in Betrachtung zu kommen. Denn jedes aufgehobene Gleichgewicht und ein hier- oder dorthin sich neigendes Übergewicht ist in dem ersten Augenblicke entschieden, ob es gleich nur durch mehrere Grade merklicher wird.

Ich wage aber hierüber nichts festzusetzen; vielleicht finden sich in der Folge Versuche, die uns hierüber weitern Aufschluß geben.

So viel aber wird ein aufmerksamer Beobachter bemerken, daß die Schatten, die wir gewöhnlich für grau halten, meist gefärbt sind. Selten werden sie auf eine ganz reine weiße Fläche geworfen, selten genau betrachtet.

Könnte man durch zwei völlig gleiche Lichter zwei entgegengesetzte Schatten hervorbringen, so würden beide grau sein.

3. Von zwei entgegengesetzten Lichtern kann das eine so stark sein, daß es den Schatten, den das andre werfen könnte, völlig ausschließt, der Schatten aber, den es selbst wirft, kann doch durch das schwächere Licht farbig dargestellt werden.

Siehe dritter und vierter Versuch

4. Zwei entgegengesetzte Lichter von differenter Energie bringen wechselsweise farbige Schatten hervor, und zwar dergestalt, daß der Schatten, den das stärkere Licht wirft, und der vom schwächern beschienen wird, blau ist, der Schatten, den das schwächere wirft, und den das stärkere bescheint, gelb, gelbrot, gelbbraun wird.

Diese Farbe der Schatten ist *ursprünglich*, nicht abgeleitet, sie wird *unmittelbar* nach einem unwandelbaren Naturgesetze hervorgebracht. Hier bedarf es keiner Reflexion, noch irgendeiner andern Einwirkung eines etwa schon zu dieser oder jener Farbe determinierten Körpers.

Was aber gefärbte Körper, indem sie das Licht entweder durchlassen oder zurückwerfen, auf die Schatten für Einfluß haben, wollen wir nunmehr untersuchen, und zwar nehmen wir zuerst gefärbte Glasscheiben vor.

Neunter Versuch. Erste Figur

Es mögen in [a] und [b] bei Nachtzeit zwei soviel möglich gleich brennende Kerzen stehen, und die Schatten [eg] und [hf] werden grau erscheinen. Man halte vor das Licht [b] ein hellblaues Glas, sogleich wird der Schatten [eg] blau erscheinen, der Schatten [hf] aber gelb sein. Man hat zu diesem Versuche ein hellblaues Glas zu nehmen, weil die dunkelblauen besonders in einiger Entfernung von der Kerze kaum soviel Licht durchlassen als nötig ist, einen Schatten zu bilden.

Dieser Versuch, wenn er allein stünde, würde uns wie jene ersten auch im Zweifel lassen, ob die blaue Farbe des einen Schattens sich nicht von dem blauen Glase, die gelbe Farbe des andern sich nicht von dem gelben Scheine des Lichts herschreibe; allein man wende den Versuch um und man wird dasjenige, was man oben schon erfahren, hier abermals bemerken.

Zehnter Versuch. Erste Figur

Man stelle in [a] und [b] abermals zwei gleichbrennende Kerzen und die Schatten [eg] und [hf] werden grau sein. Man halte vor das Licht [a] ein hellgelbes Glas, sogleich wird der Schatten [hf] gelb, der Schatten [eg] blau erscheinen, wenn dieser gleich wie bei dem vorigen Versuche, wo er gelb erschien, durch das unveränderte Kerzenlicht erhellt wird.

Eilfter Versuch. Erste Figur

Man wiederhole den ersten Versuch, wo eine Kerze in [a] dem gemäßigten Tageslichte [b] entgegengesetzt wird, und beobachte die gelb und blau farbigen Schatten. Es ist natürlich, daß der Schatten [hf] gelb bleibe und nur noch gelber werde, wenn wir vor das Licht [a] ein gelbes Glas stellen. Halten wir aber

Zwölfter Versuch. Erste Figur

Vor das Licht [a] ein hellblaues Glas, so bleibt der Schatten [hf] noch immer gelb. Ein Phänomen, das uns unbegreiflich wäre, wenn wir uns nicht schon überzeugt hätten: daß es nicht sowohl auf die Farbe des durch die Scheibe fallenden Lichtes, als auf die Energie desselben ankomme. Und wir können aus diesem Versuche schließen, daß Kerzenlicht durch hellblaues Glas noch immer, unter den gegebenen Umständen, energischer sei als gemäßigtes Tageslicht.

Wie sehr man diese Versuche noch vermannigfaltigen könne, läßt sich leicht denken; wir bleiben diesmal nur bei diesen wenigen, weil sie uns hier schon genug geleistet haben. Wir gehen zu den Wirkungen des Lichts über, das von gefärbten Papieren zurückstrahlt, und finden unsre obigen Erfahrungen abermals bestätigt.

Dreizehnter Versuch. Vierte Figur

Durch die sechs Zoll weite Öffnung [y] einer dunklen Kammer lasse man einen Sonnenstrahl [xa] auf eine horizontale Fläche fallen und richte die schattenwerfenden Ränder und die mit denselben verbundene weiße Fläche innerhalb der dunklen Kammer dergestalt, daß das von dem Punkte [a] zurückprallende Licht in [eg] einen Schatten mache, den übrigen Raum [gf] aber erleuchte. Es wird sodann das einfallende Tageslicht [b] in [hf] gleichfalls einen Schatten machen und den Raum [eh] erleuchten. Liegt in [a] ein weißes Papier, so wird der Versuch dem zweiten Versuche ähnlich werden: der Schatten [eg] wird blau, der Schatten [hf] wird gelb sein.

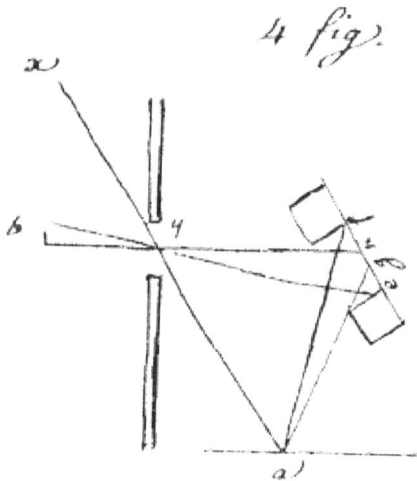

Es ist bei diesem und den folgenden Versuchen zu merken: daß man durch Übung die rechte Entfernung des schattenwerfenden Körpers von dem Punkte [a] zu erlernen habe. Sie ist nicht bei allen Versuchen gleich, sondern die größte, wenn in [a] ein weiß Papier liegt, und kann immer geringer werden, je unenergischer die Farbe des Papiers ist, welches wir an diese Stelle legen.

Vierzehnter Versuch. Vierte Figur

Man lege in [a] ein gelbes Papier, sogleich wird die gelbe Farbe des Schattens [hf] sich verstärken und der Schatten [eg] gleichfalls blauer werden. Man verstärke die gelbe Farbe der Fläche in [a], so wird [hf] immer gelber, ja eigentlich rotgelb werden, der Schatten [eg] wird blau erscheinen.

Fünfzehnter Versuch. Vierte Figur

Man lege in [a] ein hellblau Papier, so wird der davon reflektierte Sonnenstrahl, solang er energischer ist als das einfallende Tageslicht, die Schatten [hf] noch gelb determinieren und der Schatten [eg] wird blau bleiben. Man sieht, daß dieser Versuch mit dem zwölften übereinstimme. Er gerät aber nicht immer, aus Ursachen, die hier auszuführen zu weitläufig wäre.

Sechzehnter Versuch. Vierte Figur

Man verstärke die blaue Farbe in [a], so wird der Schatten [hf] blau, der Schatten [eg] gelb werden, obgleich letzterer von dem blauen heitern Himmel beschienen wird. Wir sehen also hier abermals, daß zweierlei Blau, davon eins stärker als das andre ist, die entgegengesetzten farbigen Schatten hervorbringen könne.

Es lassen sich diese Versuche nach Belieben vermannigfaltigen und an die Stelle in [a] Papiere von allerlei Farben und Schattierungen legen, und man wird immer zweierlei Arten von farbigen Schatten entgegengesetzt sehen.

Unter allen gemischten Farben werden aber Grün und Rosenfarb die merkwürdigsten Phänomene darstellen, indem sie, wie wir oben von Gelb und Blau gesehen haben, einander wechselsweise in dem Schatten hervorbringen.

Siebenzehnter Versuch. Vierte Figur

Man lege an die Stelle [a] ein schönes grünes Papier, das zwischen dem Blau- und Gelbgrünen die rechte Mitte hält, so wird der Schatten [fh] grün, der Schatten [ge] dagegen rosenfarb, pfirschblüt oder mehr ins Purpur fallend erscheinen.

Achtzehnter Versuch. Vierte Figur

Man lege in [a] ein Stück rosenfarbnen Tafft oder Atlas (in Papier läßt sich die Farbe selten rein finden), so wird umgekehrt der Schatten [fh] rosenfarb, der Schatten [gc] grün erscheinen.

Hierbei kann uns die Übereinstimmung mit jenen prismatischen Versuchen nicht entgehen, welche ich anderwärts vorgetragen. Dort fanden wir Blau und Gelb als einfache Farben einander entgegengesetzt, ebenso Grün und Pfirschblüt (besser Purpur) als zusammengesetzte Farben, hier finden wir diese Gegensätze produktiv realisiert, indem sich gedachte Farben wechselsweise erzeugen; und wir dürfen hoffen, daß, wenn wir einmal die große Masse der Versuche, die uns Farben bei Gelegenheit der Beugung, Zurückstrahlung und Brechung zeigen, geordnet vor uns sehen, die Lehre von den farbigen Schatten sich an jene unmittelbar anschließen und zu ihrer Erläuterung und Aufklärung vieles beitragen werde.

Denn unter den apparenten Farben sind die farbigen Schatten deshalb äußerst merkwürdig, weil wir sie unmittelbar vor uns sehen, weil hier die Wirkung geschieht, ohne daß die dazwischengestellten Körper von dem mindesten Einfluß seien. Deswegen ist das Gesetz, das wir gefunden haben, auch nur allgemein ausgesprochne Erfahrung. So ziehen wir denn auch noch aus den letzten Versuchen folgendes Resultat.

5. Auch beim Wider- und Durchscheinen wirken die Farben nicht als Farben, sondern als Energien, ebenso wie wir oben gesehen haben, daß das unmittelbare Licht seine Kraft äußert unabhängig von der Farbe, die man ihm allenfalls zuschreiben könnte.

Wir sehen in diesen Wirkungen eine auffallend schöne Konsequenz. Denn wenn oben die farbigen Schatten durch eine vermehrte oder verminderte Energie des Lichts hervorgebracht wurden, so haben wir gegenwärtig farbige, jenen Schatten korrespondierende Gläser und Flächen, durch welche das Licht zwar gefärbt durchgeht, von welchen es gefärbt widerstrahlt und, auch so determiniert nicht als Farbe, sondern als Kraft, verhältnismäßig gegen ein andres ihm entgegengesetztes Licht wirkt.

Erregt, wie ich hoffe, dieser Aufsatz bei Liebhabern der Naturlehre einiges Interesse, wird das Vorgetragne bestätigt oder bestritten, so wird künftig diese Materie bestimmter, umständlicher, methodischer und sicher abgehandelt werden können. Ohne Vorzeigung der Experimente, ohne mündlichen Vortrag ist es schwer, eine so zarte und komplizierte Lehre deutlich zu machen.

Zu leichterer Übersicht füge ich das Schema der angestellten Versuche noch bei; man sieht, wie sehr sie zu vermannigfaltigen sind.

Schema der vorgetragnen Versuche

Herrschendes Licht	Subordiniertes Licht
A	B
wechselsweise auf die entgegengesetzten Schatten wirkend, machen sie farbig.	

Schatten von B geworfen, von A erleuchtet sind gelb, gelbrot, braunrot.	Schatten von A geworfen, von B erleuchtet sind blau, unter Umständen grünlich.
1. Kerzenlicht	Gemäßigtes Tageslicht.
2. Mauerwiderschein.	Gemäßigtes Tageslicht.
3. Auf- oder untergehende Sonne.	Heitrer Himmel.

4. Hohe Sonne.	Duftiger Himmel, der blaue Schatten allein.
5. Kerzenlicht.	Heitrer Himmel.
6. Kerzenlicht.	Vollmondschein.
7. Kerzenlicht.	Mauerwiderschein.
8. Glühende Kohlen.	Kerzenlicht.
9. Kerzenlicht durch gelb Glas.	Kerzenlicht.
10. Kerzenlicht.	Kerzenlicht durch hellblau Glas.
11. Kerzenlicht durch gelb Glas.	Gemäßigtes Tageslicht.
12. Kerzenlicht durch hellblau Glas.	Gemäßigtes Tageslicht.
13. Widerschein von weiß Papier.	Himmelslicht.
14. Widerschein von gelb Papier.	Himmelslicht.
15. Widerschein von hellblau Papier.	Himmelslicht.
16. Himmelslicht.	Widerschein von dunkelblau Papier.

Von den Meinungen der Naturforscher über die Entstehung der farbigen Schatten sind mir folgende bekannt, die ich nur kürzlich anführe und wünsche, daß ein Liebhaber der Naturlehre sie umständlicher auseinandersetzte und meinen Vortrag in Vergleichung damit brächte. Es würde sich alsdann zeigen, ob sich nunmehr die öfters beobachteten Phänomene besser ordnen, die von jenen Beobachtern angegebenen

Umstände beurteilen oder supplieren, die notwendigen Bedingungen von zufälligen Neben-Ereignissen absondern lassen.

Von der *Reflexion* der Farbe des reinen Himmels schreibt die blauen Schatten *Leonard da Vinci* her.[2] Nach ihm mehrere. *Marat*[3] nimmt als ungezweifelt an, daß die gefärbten Schatten durch den *Widerschein* der Wolken oder Dünste bewirkt werden.

Aus einer *gewissen Beschaffenheit* der Luft und der atmosphärischen Dünste erklären die blauen Schatten *Melville* und *Bouguer*.[4]

Dem *Winkel* des einfallenden Lichts, der Länge des Schattens, der Richtung der beschatteten Fläche gegen die Sonne scheint Beguelin einigen Einfluß zuzuschreiben.[5]

Eine Vermutung, daß die *Eigenschaften der umgebenden Körper* Ursache an der verschiedenen Schattenfarbe sein können, hegte *Wilkens*.[6]

Von einer *Verminderung* des Lichts und der mehr oder wenigern Lebhaftigkeit, womit die Lichtstrahlen aufs Auge wirken, glaubt *Mazéas* die gelb- und blauen Schatten herleiten zu können.[7]

Für eine *Mischung* von Licht und Schatten hält *Otto von Guericke* den blauen Schatten wie auch die blaue Farbe des Himmels.[8]

Bei dieser letzten Meinung merke ich nur an, wie sehr die würdigen älteren Beobachter sich der richtigen Erklärung dieser Phänomene genähert. Sie hielten die Farben[9], besonders die blaue, für eine *Mischung* von Licht und Finsternis; auch nach unsern Versuchen entsteht die Farbe aus einer *Wirkung* des Lichtes auf den Schatten, aus einer *Wechselwirkung*, die Leben und Reiz auch dahin verbreitet, wo wir sonst nur Negation, Abwesenheit des erfreulichen Lichts zu sehen glaubten.

Kircher sagt im allgemeinen color, lumen opacatum. Könnte man einen angemessenern Ausdruck für die farbigen Schatten finden? Ja, wollte man die Benennung lumen opacatum dem gelben Schatten zueignen, so würden wir den entgegengesetzten blauen Schatten gar wohl mit umbra illuminata bezeichnen können, weil in jenem das Wirkende, in diesem das Leidende prävaliert und der wechselwirkende

2 In diesem Traktat über die Malerkunst.
3 In seinen Entdeckungen über das Licht .Weigels Übersetzung p. 134.
4 Priestley, Geschichte der Optik. Klügels Übersetzung p. 329.
5 Ebendaselbst p. 330.
6 Journal der Physik 7. Bandes 1. Heft, p. 21.
7 Mem. de l'Acad. de Berlin des Jahrs 1752, 2. Band, p. 260.
8 Priestley, p. 328.
9 Joh. Casp. Funccii liber de coloribus coeli. Ulmae 1716.

Gegensatz sich durch eine solche Terminologie gewissermaßen ausdrücken ließe.[10]

Doch was sind Worte gegen die großen und herrlichen Wirkungen der Natur? Diese wollen wir, soviel uns möglich ist, getreu beobachten, genau beschreiben und natürlich ordnen, so werden wir Nahrung genug für unsern Geist finden. Worte entzweien, der Sinn vereinigt die Gemüter.

Zum Schlusse noch einige Anmerkungen und Anwendungen der vorgelegten Resultate auf besondere Fälle.

Wir bedienen uns zu unsern Versuchen am bequemsten einer starken Pappe von der Größe einer gewöhnlichen Spielkarte, wir schneiden in selbige ein zirkelrundes oder viereckes Loch und bringen ein weißes Papier unter dasselbige, wir richten die Ränder des Ausschnitts gegen die verschiedenen Lichter, wie die beigefügten Figuren anzeigen, und rücken so lange, bis wir die farbigen Schatten auf dem weißen Papier entstehen sehen. Sie zeichnen sich besonders schön aus, wenn das Auge sich hinter dem Papiere befindet.

Wir können uns auch eines länglichen Körpers, zum Beispiel eines starken Bleistifts, bedienen und solchen zwischen die beiden Lichter aufstellen, da sich denn zu beiden Seiten die farbigen Schatten sehr gut zeigen. Bei allen gedachten Versuchen, besonders aber bei den zärteren, nehme man das reinste weiße Papier, das womöglich weder ins Gelbe noch ins Blaue fällt. Denn es ist schon oben bemerkt, daß wir weit mehr farbige Schatten sehen würden, wenn sie jederzeit auf eine weiße Fläche fielen. Denn nicht gerechnet, daß jeder auf eine weiße Fläche fallender Schatten schon an und für sich heller ist und also der entgegengesetzten Lichtenergie ihre Wirkung früher zu äußern erlaubt, so zeichnet er sich auch auf derselben am reinsten und ist von aller Beimischung irgendeiner Lokalfarbe völlig befreit. Eine weiße Fläche als völlig rein und farblos kann für den Probierstein aller Farben gelten.

Deswegen werden wir in der Natur mehrgedachte Phänomene an weißen Gebäuden und auf dem Schnee gewahr. Auf dem Schnee sind die Schatten, welche die Sonne verursacht, jederzeit blau, nur in dem Falle, wenn die Sonne purpurfarb untergeht, sind sie grün. Es entstehen auch in diesem letzten Falle purpurfarbene Schatten an der Sonnenseite, wenn die entgegengesetzte Himmelsseite so rein und

---

10   Der sehr verschrieene Gauthier war auf diesem Wege. Wir wollen auf jede Vorstellungsart aufmerksam sein.

wirksam ist wie bei dem dritten Versuche, daß sie die Schatten der Körper dem geschwächten Sonnenlichte entgegenwerfen kann. Sie sind aber selten und werden noch seltner bemerkt, weil man sie dem Widerschein der Sonnenfarbe zuschreibt.

Ich führe noch eine Erfahrung eines aufmerksamen Naturforschers an und suche sie aus dem Vorhergehenden zu erklären.

Es ist erst gesagt worden, daß sich die blauen Schatten nirgends lebhafter zeigen als auf dem Schnee, und doch beobachtete *de Saussure*, als er von dem Montblanc herabstieg, die Schatten *farblos*. Es war mir diese Beobachtung, als ich sie zum erstenmal las, um desto auffallender, als ich die farbigen Schatten auf dem Schnee der hohen Berge selbst beobachtet hatte. An der Richtigkeit der Beobachtung konnte bei so einem Manne nicht gezweifelt werden, dessen Scharfblick sich soeben an den Schattierungen des blauen Himmels geübt hatte. Wäre der Schatten nur im mindesten farbig gewesen, so würde er es entdeckt und verglichen haben. Diesen anscheinenden Widerspruch glaub' ich durch die Betrachtung der obwaltenden Umstände erklären zu können.

Es ist bekannt, daß der Himmel immer dunkler blau erscheint, je höher wir uns über den niedern Dunstkreis erheben. *De Saussure* hatte die Farbe des Himmels auf dem Montblanc genau zu bestimmen einige Schattierungen blaues Papier mitgenommen.[11] Er fand den Himmel hoch königsblau. Daraus folgt, daß er kein Licht auf den Berg herabschickte, welches dem Sonnenlichte das Gegengewicht gehalten und die blaue Farbe im Schatten erzeugt hätte. Da wir nun oben gesehen haben, daß der Himmel in den Schatten die blaue Farbe nicht erzeugt insofern er blau ist, sondern insofern er Licht ausstrahlt, das einem andern Lichte das Gegengewicht hält; so werden wir auch dieses Phänomen uns zu erklären und an seinen rechten Ort zu stellen wissen.

Wie sehr übrigens diese theoretische Bemühungen dem Landschaftsmaler zu Hilfe kommen, welcher nur dann einen hohen Grad seiner Kunst erreicht, wenn er durch Verbindung dieser himmlischen Phänomene mit den Gestalten und Farben der irdischen Gegenstände eine Zauberwelt erschafft, welcher niemand die Wahrheit ableugnen kann, wird sich in der Folge näher ergeben, wenn wir einen größern Umfang bearbeitet haben und alsdann dasjenige sich aussondern läßt, was für den Künstler besonders brauchbar ist.

---

11   Journal de Phisique Mars, p. 199.

Physik

In und an dem Lichte werden Farben erregt: durch
  1. Mäßigung des Lichts,
  2. Wechselwirkung des Lichts auf die Schatten.
Diese beiden Bedingungen wirken unmittelbar, und die Art, wie sie wirken, kann leicht erkannt und ausgesprochen werden. Es gehört nur ein gewisser *Grad von Mäßigung* dazu, so wird uns das Licht gleich farbig erscheinen, und ein gewisser *Grad von Wechselwirkung,* so erscheint der Schatten farbig.
Ferner werden in und an dem Lichte Farben erregt bei Gelegenheit
  3. der Beugung,
  4. des Widerscheins,
  5. der Brechung.